# Pilze

## erkennen und benennen

neu bearbeitet von
Jörg Raithelhuber

FALKEN-VERLAG · NIEDERNHAUSEN/TAUNUS

ISBN-Nr. 3 8068 0380 3


Fotos: F. Hirschmann, J. Raithelhuber, Heinz Schrempp, Horst Wolff
Gesamtherstellung: H. G. Gachet & Co., 6070 Langen/Hessen

817 2635 4453 6271

## Inhalt

## Vorwort

Pilzesammeln ist nicht nur eine reizvolle Beschäftigung. – Das Sammeln dieser seltsamen und vielfältigen Gewächse kann für den Naturfreund zur wahren Leidenschaft, das Sehen und Erkennen der Pilze zu richtigen kleinen Abenteuern werden! Wenn er noch dazu ein Freund leiblicher Genüsse ist, dann ist die Freude doppelt groß. Denn es gibt kaum eine schmackhaftere Bereicherung unserer Speisezettel als ein Pilzgericht.
Die Wissenschaft kennt 150000 Pilzarten. Dieses farbige Pilzbuch beschäftigt sich mit den »höheren Pilzen«, auch »Schwämme« genannt. Die Zahl der giftigen im Verhältnis zu den eßbaren Pilzen ist verschwindend klein. Tödlich giftig sind weniger als 10 Arten, und man kennt nur ca. 100 Giftpilze insgesamt. Ihnen gegenüber steht eine gewaltige Zahl guter und hervorragender Speisepilze. Trotzdem sterben in der Bundesrepublik jährlich etwa 100 Menschen an Pilzvergiftungen – aus Unkenntnis!
Giftige und genießbare Pilze unterscheiden sich manchmal in nur winzigen Kleinigkeiten voneinander. Und gerade das Nichtbeachten solcher Kleinigkeiten kann schwere, sogar tödliche Vergiftungen zur Folge haben.
Sie alle wissen, wie gefährlich z. B. der Genuß des Knollenblätterpilzes ist. Aber wie oft wurde er schon vor allem bei jungen Pilzen für den harmlosen Schafchampignon gehalten, wanderte mit in das Sammelkörbchen hinein und richtete schrecklichen Schaden an. Ihnen, lieber Leser, wird ein solch folgenschweres Versehen nicht passieren. Sie werden mit Hilfe dieses Pilzbuches zum »Pilzkenner«. Die zuverlässigen und übersichtlichen Erklärungen in Ihrer Hand schließen jeden Irrtum aus, wenn Sie an Ort und Stelle gründlich und aufmerksam vergleichen.
Es wäre allerdings verhängnisvoll – und ich möchte ganz besonders davor warnen – wenn man sich nun die Giftpilze einprägte, die hier beschrieben sind und dann glaubte, alle anderen Pilze seien gute Speisepilze. Von den weit über 3000 höheren Pilzen, die es in Mitteleuropa gibt, sind viele noch gar nicht auf ihren Speisewert erforscht. Es ist also durchaus möglich, daß in absehbarer Zeit noch weitere Giftpilze entdeckt werden.
Im übrigen sind auch nicht alle Pilze eßbar, die nicht ausdrücklich als giftig bezeichnet sind (man vergleiche S. 13 ff!).

## Zehn Pilzregeln

**1** Sammeln Sie nur solche Pilze, von denen Sie sicher wissen, daß sie genießbar sind. Alle anderen stehen lassen!
Schneckenfraß, Zwiebel und silberne Löffel geben in keinem Fall Auskunft über die Giftigkeit.

**2** Sammeln Sie junge, jedoch keine ganz jungen Pilze. Alte, durchwässerte und angefaulte Exemplare schmecken nicht gut und können giftig wirken. Nach langem andauerndem Regenwetter nie Pilze sammeln, da diese infolge des übermäßig hohen Wassergehaltes viel schneller faulen als trockene.

**3** Achten Sie auf den Stiel des Pilzes!
Knollen am Stielende und Manschetten am Schaft sind äußerst wichtige Erkennungsmerkmale. Das Abschneiden des Stiels hat den Nachteil, daß die Stielbasis (Erkennungsmerkmal!) im Boden zurückbleibt. Deshalb nicht abschneiden, sondern herausdrehen. Nur gewisse Holzbewohner, wie Hallimasch, Stockschwämme etc. werden abgeschnitten.

**4** Pilze sofort am Sammelort von Erde, Laub und Tannennadeln reinigen! Fraßstellen wegschneiden, angefaulte Pilze wegwerfen.

**5** Benutzen Sie zum Sammeln druck- und stoßfeste Behälter (Körbe, Eimer oder Kartons), keine Plastikbeutel!
In Rucksack, Tüten, Beuteln oder Säckchen werden die Pilze zerdrückt, unansehnlich und verderben innerhalb weniger Stunden.

**6** Entfernen Sie beim Putzen nur alte Röhren und, wo notwendig, die Huthaut.

**7** Zerstören Sie nie Pilze, die Sie nicht kennen oder nicht bestimmen können. Erfreuen Sie sich an ihrer Schönheit und gönnen Sie auch anderen diese Freude, zumal die Pilze weiteren Sammlern von Nutzen sein können. In diesem Buch sind 109 der wichtigsten heimischen Pilze abgebildet; es gibt aber allein in Deutschland weit über 3000 verschiedene Arten Großpilze.

**8** Lassen Sie auch die für Menschen ungenießbaren Pilze stehen; sie sind oft Nahrung für das Wild, eine Zierde des Waldes und von großer Bedeutung für den Haushalt der Natur.

**9** Das Sammelgut zu Hause sofort putzen. Wenn die Pilze nicht gleich verwendet werden können, flach ausbreiten, kühl und luftig lagern. Nicht in den Kühlschrank, sondern auf den Balkon oder an das offene Fenster, oder gleich zum Trocknen auslegen.

**10** Bei auftretenden Pilzerkrankungen unbedingt *sofort* einen Arzt holen. Beachten Sie die Hinweise im Kapitel »Giftpilze und Pilzgifte«.

## Erscheinungsform der Hutpilze

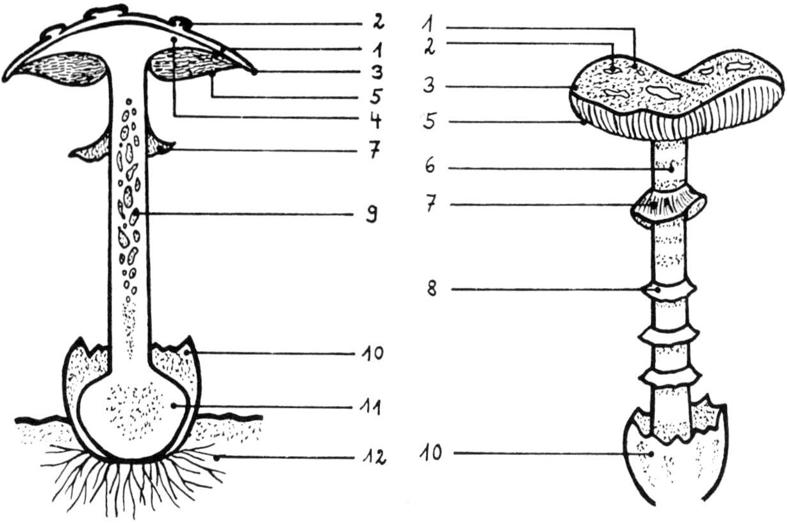


1 »Hut« des Pilzes.
2 Oberhaut des Pilzhutes manchmal mit flockigen Resten einer früheren äußeren Hülle.
3 Hutrand, bei manchen Pilzen fransig infolge des Überstehens der Oberhaut.
4 Hutfleisch.
5 Fruchtschicht des Pilzes. Sie kann aus Blättern, Röhren, Poren oder Stoppeln bestehen bzw. glatt sein.
6 Stiel des Pilzes.
7 Stielring oder Stielmanschette. Überrest einer beim jugendlichen Pilz vorhandenen inneren Hülle, welche Hutrand und Stiel verbindet und die Fruchtschicht schützt.
8 Manche Pilze tragen noch weitere Stielringe oder haben einen gefaserten Stiel.
9 Das Stielfleisch kann fest, markig oder hohl sein.
10 Reste der äußeren Hüllschicht, welche beim jungen Pilz Hutrand und Stielfuß verbindet, wird als Scheide bezeichnet.
11 Stielknolle (nicht nur bei Wulstlingen!).
12 Ganzjährig vorhandenes Pilzmyzel, wurzelähnliche Fäden welche den eigentlichen Pilz darstellen, während der hier ausführlich beschriebene Teil dessen Fruchtkörper ist.

## Allgemeines über Pilze

Das, was wir als *Pilze* (auch Schwämme) bezeichnen, umfaßt keineswegs die ganze Pilzpflanze, sondern entspricht im allgemeinen mehr dem, was wir bei den sogenannten »Höheren Pflanzen« (grünen Kräutern, Bäumen und Sträuchern) als die Frucht bezeichnen, die ihrerseits wiederum Träger der Samen ist. Die eigentliche Pilzpflanze – es sollen hier auch wieder nur die sogenannten »Höheren Pilze« berücksichtigt werden, zu denen unsere Speisepilze und die ihnen verwandten Giftpilze gehören – lebt im Boden und bleibt dem Sammler damit in der Regel verborgen. Eine Spore muß, damit die Pilzpflanze entstehen kann, wie der Same der höheren Pflanzen in günstige Verhältnisse gelangen, zu denen neben einem geeigneten Nährboden vor allem ein bestimmtes Maß an Feuchtigkeit und Wärme gehört. Der Waldboden mit seiner Vielzahl an pflanzlichen Aufbaustoffen ist dafür besonders geeignet, zumal er Feuchtigkeit und Wärme über lange Zeit festzuhalten vermag.

Bei diesen günstigen Verhältnissen beginnt die Spore zu keimen, indem sie einen sogenannten Keimschlauch bildet, der an seiner Spitze weiterwächst und schließlich zu einem Pilzfaden (Hyphe) wird. Bei den höheren Fadenpilzen verzweigen sich die einzelnen Fäden oder Hyphen und bilden ein einfaches oder auch kompliziertes Geflecht aus Hyphen, das Fadengeflecht oder Myzelium. Dieses durchwächst den Nährboden, auf dem es sich entwickelt hat, nach allen Richtungen und dient damit in erster Linie, ähnlich den Wurzeln, der Befestigung des Pilzes im Boden. Gleichzeitig hat es aber auch die Aufgabe, die im Boden befindlichen Nährstoffe aufzunehmen und an den Pilz weiterzuleiten. Das Myzelium, für dessen Entwicklung immer auch ein gewisser Grad an Dunkelheit erforderlich ist, entwickelt sich daher immer unterirdisch. Erst wenn es einen bestimmten Entwicklungszustand erreicht hat, kommt es zur Ausbildung des Fruchtkörpers, den man als Pilz bezeichnet.

Er entsteht zunächst in Form einer kleinen Anschwellung an den Enden von Pilzfäden, vergrößert sich jedoch bei entsprechender Ernährung sehr bald und wird dann bei den verschiedenen Pilzarten zum eigentlichen Fruchtkörper von unterschiedlicher Gestalt und Größe. An ihm bilden sich schließlich, bei den einzelnen Pilzgruppen auf verschiedene Weise, die neuen Fortpflanzungskörper, die Sporen.

Zum besseren Verständnis sei an dieser Stelle noch etwas näher auf Nährboden und Myzelium eingegangen.

Pilze besitzen kein Blattgrün wie die höheren Pflanzen. Das bedeutet, daß sie bereits vorbereitete und verarbeitete, sogenannte organische Nährstoffe aufnehmen müssen. Das fehlende Blattgrün nimmt ihnen die Fähigkeit, wie die grünen Pflanzen mit Hilfe des Sonnenlichtes, aus dem Kohlendioxyd der Luft Kohlenhydrate (Zucker und Stärke) aufzubauen.

Solche bereits verarbeiteten organischen Nährstoffe finden die Pilze in den abgefallenen und vermoderten Pflanzenteilen, wie sie insbesondere der Waldboden reichlich bietet. In diesen verfaulenden Pflanzenresten wächst und lebt die Pilzpflanze, das Myzelium.

Allerdings läßt sich in diesem Zusammenhang eine interessante Feststellung treffen: im Bereich des Myzeliums wird der Graswuchs gleichfalls gefördert. Sowohl am inneren wie am äußeren Rande des sogenannten »Hexenringes« (das Myzelium wächst ringförmig weiter) wächst das Gras viel üppiger als in der Mitte oder zwischen dem inneren oder äußeren Rande der Kreise. Dies ist darauf zurückzuführen, daß das Myzelium eine gewisse Menge von Ammoniaksalzen produziert, welche dem Gras zugute kommen. Damit unterstützt das Myzelium durch Abgabe von Nährstoffen die Pflanzen seiner Umgebung, lebt jedoch andererseits selbst von den vermoderten Abfallstoffen gerade dieser Pflanzen.

Der eigentliche Fruchtkörper, der Pilz, entsteht, wie bereits erwähnt, aus den knöllchenförmigen Verdickungen der aus dem Myzelium aufwärtsstrebenden Hyphen. Diese Knöllchen werden schnell größer und nehmen bei den meisten Pilzen schon bald die Form eines Hutes an, der in der Regel von einem verschiedenartig entwickelten Stiel getragen wird.

Die Unterseite des Hutes besteht entweder aus Lamellen (dünne Blätter) oder aber aus unterschiedlich langen, feinen, engeren oder weiteren, rundlichen oder eckigen Röhrchen. Die Stachel- oder Stoppelpilze dagegen besitzen auf der Hutunterseite charakteristische Stacheln. Dies gilt für die sogenannten Hutpilze. Bei anderen, wie den Keulenpilzen, Ziegenbärten, Morcheln und Becherpilzen, finden wir die Sporenträger, um diese handelt es sich hier, auf der Außenseite des Pilzkörpers oder Hutes. Wieder andere, wie die Stäublinge und Trüffeln, bilden die Sporen im Innern des Pilzkörpers.

Die Bestimmung eines Pilzes hängt sehr wesentlich vom Bau dieser Sporenträger, speziell vom Bau der Lamellen und Röhren ab (siehe »Die Bestimmung der Pilze«).

Sind die Lamellen oder Röhren nur an der Unterseite des Hutes angewachsen, berühren den Stiel also nicht, so nennt man sie »frei« (Wulstlinge, Schirmlinge, Champignons). Einige Schirmlinge haben zwischen den Lamellen und dem Stiel noch einen häutigen oder knorpeligen Ring, ein sogenanntes Kollar, das die Lamellen von der Stielspitze trennt. Man nennt das »vom Stiel abstehend«. Sind die Lamellen oder Röhren gegen den Stiel hin nach oben abgerundet oder um den Stiel herum ausgeschnitten, so daß um den Stiel eine Versenkung oder Vertiefung entsteht, so bezeichnet man dies als »abgerundet-angeheftet oder ausgebuchtet«, eine Befestigungsart, wie sie für die Ritterlinge und Rüblinge unter den Blätterpilzen sowie für die Mehrzahl der Röhrlinge charakteristisch ist. Schließlich können die Lamellen, Röhren oder Stacheln mit ihrer ganzen Breite am Stiel angewachsen sein oder sogar noch mehr oder weniger über den Stiel hinablaufen, wie dies für die Trichterlinge, Schnecklinge, Ellerlinge und Leistlinge sowie für viele Röhrlinge und fast alle Stachelinge typisch ist. – Siehe auch »Erklärung von Fachausdrücken«.

## Die wichtigsten Pilzgruppen

Wir unterscheiden, je nach ihrer Entstehungsweise, folgende Pilze:

**1. Blätterpilze**
Die Sporen entstehen auf der Oberfläche von blattartigen Gebilden (Blätter, Lamellen) an der Unterseite der hut- oder schirmähnlichen Fruchtkörper. Die Lamellen sind gewöhnlich radial vom Rande des Hutes gegen den Stiel angeordnet. Dabei sind die Blätter entweder weich und biegsam oder auffallend spröde und brüchig wie bei den Täublingen und Milchlingen.
Bei einer Anzahl von Pilzen ist der Hut von einer Hülle (äußere Hülle) umschlossen, die den Pilz in der Jugend wie eine Eierschale umgibt. Im Verlauf der weiteren Entwicklung zerreißt sie und bleibt in Form von Hautfetzen oder Tupfen auf der Hutoberfläche zurück. Mitunter sind die Pilze neben dieser äußeren Hülle auch mit einer inneren Hülle versehen, die Hutrand und Stiel in jungem Zustand verbindet und die Blätter vollkommen einschließt. Im Laufe der Entwicklung des Hutes platzt sie, reißt am Hutrand ab und bleibt dann am Stiel in Form eines häutigen Ringes oder einer Manschette zurück. Zuweilen ist diese innere Hülle nur spinnengewebartig oder fädig (Schleier) und verschwindet später ganz.
Die Blätterpilze sind die bedeutendste Gruppe der Hutpilze und stellen daher nicht nur die meisten eßbaren, sondern auch die meisten ungenießbaren und giftigen Arten.
Für die einzelnen Gruppen der eßbaren, giftigen und ungenießbaren Pilze gibt es keine allgemeingültigen Regeln.
Bei allen Blätterpilzen kann den Anfänger nur die Kenntnis der wirklich giftigen Arten vor Schaden bewahren!

**2. Röhren- oder Porenpilze (Löcherpilze)**
Die Sporen entstehen auf der Innenseite von Röhren, Löchern oder Poren, welche die Unterseite des Hutes bedecken. Dabei unterscheiden sich die eigentlichen Röhrenpilze von den Porenpilzen (Porlinge) dadurch, daß sich bei ersteren die Röhrenschicht leicht vom Hutfleisch trennen läßt und die Röhren einen mehr oder weniger großen Durchmesser haben, während die Porenpilze meist nur nadelstichgroße, feine Öffnungen besitzen, die mit dem Hutfleisch in der Regel ziemlich fest verwachsen sind.
Während die Röhrenpilze mehrere giftige Vertreter aufweisen, sind die Porenpilze, sofern sie weich (nicht holzig) und von angenehmem (nicht bitterem) Geschmack sind, eßbar.

**3. Stachelpilze**
Die Sporen entstehen an der Außenseite von kleinen Zapfen oder Stacheln, die sich auf der Unterseite des Hutes befinden. Die Stachelpilze haben keinen giftigen, aber verschiedene ungenießbare Vertreter und sind, soweit sie weich (nicht lederartig oder holzig) sind und angenehm schmecken, eßbar.

**4. Strauch- oder Korallenpilze**
Die Fruchtkörper sind nicht hutförmig, sondern strauchartig verzweigt und verästelt. Ihre Sporen entstehen auf der Außenseite der Verzweigungen. Auch diese Pilze haben mehrere giftige Vertreter.

**5. Staubpilze (Stäublinge – Boviste)**
Die Fruchtkörper sind knollenförmig, kugelig oder birnenförmig. Die Sporen entstehen im Innern der Fruchtkörper, aus denen sie bei der Reife durch unregelmäßiges Zerreißen derselben oder durch eine regelmäßige, zentrale Öffnung am Scheitel des Fruchtkörpers in Form eines dichten Staubes austreten. Ihre Verwandten, die ungenießbaren Erdsterne, sind als Zierde des Waldes zu schonen. Auch die Staubpilze sind in jungem Zustand, solange sie noch weiß und fest fleischig sind, alle eßbar. Nur ein einziger Vertreter, der Kartoffelbovist in zwei Arten, ist giftig.

**6. Schlauchpilze**
Die Sporen werden in eigenen Organen, den Schläuchen, gebildet, das heißt, sie entstehen nicht frei nach außen, aber auch nicht frei im Innern. Die Schläuche sind ihrerseits wieder parallel nebeneinander in die eigentlichen Fruchtkörper eingesenkt. Je nach der Ausbildung der Fruchtkörper unterscheidet man:

a) **Morcheln und Lorcheln**
Die ersteren besitzen kegelförmige Fruchtkörper, die mit grubenartigen Vertiefungen versehen sind, in denen die Schläuche eingebettet liegen. Bei den Lorcheln sind die Hüte durch darm- oder gehirnähnliche Wülste gekennzeichnet. Die Sporenschläuche sind auf ihrer gesamten Oberfläche eingesenkt. Die **Morcheln** sind alle ohne Ausnahme eßbar. Die ungenießbare **Gicht- oder Stinkmorchel** ist keine Morchel, sondern nur wegen ihrer Ähnlichkeit so genannt. Unter den **Lorcheln** gibt es zwei giftige Vertreter: die Frühjahrslorchel und die Riesenlorchel.

b) **Becherpilze**
Sie besitzen becher-, muschel- oder ohrähnliche Fruchtkörper, auf deren Innenseite die Sporenschläuche eingesenkt sind. Sie sind nicht alle eßbar.

c) **Trüffeln**
Unterirdisch wachsende, knollige Fruchtkörper, in deren Innern die Sporenschläuche unregelmäßig verteilt sind. Auch Trüffeln sind nicht alle eßbar.

## Die Bestimmung der Pilze

Es gibt verschiedene Pilzsammler. Die einen suchen konstant nur ihre »Leibpilze« (Steinpilze, Birkenpilze, Pfifferlinge usw.) und nehmen nur diese mit. Aus Gedankenlosigkeit stoßen sie andere Pilze um. Das ist eine schändliche Unsitte!

Die ernsthaften Pilzfreunde richten ihr Augenmerk auf jene Pilze, die sie noch nicht kennen. Ihnen ist zu raten, mindestens zwei verschieden entwikkelte Exemplare einer solchen Art unbeschädigt mit nach Hause zu nehmen. Die Hauptmerkmale der einzelnen Pilzgruppen sind in dem Abschnitt »Allgemeines über Pilze« übersichtlich zusammengestellt, so daß es nicht schwer ist, die Art zu erkennen. Interessierte Pilzforscher haben sicher mehrere Pilzbücher zur Verfügung. Außerdem gibt es in den größeren Städten amtliche Pilzberatungsstellen, wo geprüfte Pilzkenner gerne Aufschluß geben und auch Pilzexkursionen durchführen.
Eine hervorragende Hilfe beim Bestimmen der Pilze ist der Geruch, den fast alle Pilze ausströmen. Allerdings gehört dazu eine feine Nase. Wer seine Nase durch Rauchen und Schnupfen verdorben hat, wird keinen Pilzgeruch wahrnehmen. Auch für gute Nasen bedarf es dauernder Übung. Man muß die Pilze auf der Unterseite oder an der Stielbasis immer wieder »beschnuppern« oder Blätter zwischen den Fingern reiben. Die Gerüche sind so typisch, daß man manchmal sofort sagen kann, um welchen Pilz es sich handelt. Nur einige besondere Beispiele:
Unter den Täublingen gibt es einige Arten, die in der Farbe sehr verschieden auftreten, denen jedoch ein starker Heringsgeruch gemein ist; sie heißen Heringstäublinge. Ein anderer Täubling riecht nach Zedernholz, der Zedernholztäubling. Einer riecht an der Stielbasis nach Apotheke (Jodoform), der Jodoformtäubling. Damit ist die Geruchskala der Täublinge noch lange nicht erschöpft. Besonders wichtig ist der Geruch als Erkennungsmerkmal bei unseren gefährlichen Giftpilzen.
Der Grüne Knollenblätterpilz riecht nach Honig (Kunsthonig), der Gelbe Knollenblätterpilz deutlich nach Kartoffelkeller und der Pantherpilz nach Rettich. Bei den Pilzbeschreibungen ist stets der Geruch angegeben.

## Giftpilze und Pilzgifte

**Vorbemerkung:** Es wird so viel von erster Hilfe bei Pilzvergiftungen gesprochen. Aber vielfach ist die erste Hilfe-Leistung, wie sie von Laien gewöhnlich geübt wird, fehl am Platz. Keine Pilzvergiftung gleicht der anderen. Jede verlangt besondere Maßnahmen. Darum ist es außerordentlich wichtig zu erfahren, welcher Pilz die Vergiftung hervorgerufen hat. Abfälle vom Reinigen der Pilze und Reste des Pilzgerichtes sind sicherzustellen. Erst dann ist der Arzt in der Lage, die speziellen Medikamente zu verabreichen und die notwendigen Hilfeleistungen anzuordnen. Also bei allen Pilzvergiftungen sofort den Arzt rufen, der alles Weitere veranlassen wird.
Vor Jahren zählte man drei schwerstgiftige und etwa 20 weniger giftige Pilze. Die Jahr für Jahr vorkommenden Pilzvergiftungen brachten neue Erkenntnisse, und die Zahl der Giftpilze stieg erheblich. Heute spricht man von ca. 100 Giftpilzen, wovon ca. 10 Arten besonders gefährlich sind.
Die tödlich giftigen Pilze enthalten zumeist eine Kombination verschiedener Gifte (siehe unten), die auf verschiedene Körperteile und auch -funktionen einwirken. Daher kommt es, daß z. B. Giftpilze auch nach dem Kochen noch

giftig sein können. Wohl ist das eine Gift durch das Kochen zerstört worden, dafür aber sind die anderen Gifte resistent gegen Hitze.
Zu den Pilzen, die Protoplasmagifte enthalten, gehören der Grüne Knollenblätterpilz (Amanita phalloides), der Weiße Knollenblätterpilz (Amanita verna) und der Kegelhütige Knollenblätterpilz (Amanita virosa).
Erste Anzeichen einer Vergiftung mit Knollenblätterpilzen treten nach 8–24 Stunden auf (Erbrechen, Durchfall, Krämpfe). Aber meist ist es dann zu spät; denn das Gift ist durch den Blutstrom längst im Körper verteilt und greift lebenswichtige Organe (Leber, Nieren, Herz und Gehirn) an. Damit wird ein allgemeiner Verfall eingeleitet. Unstillbarer Durst quält den Vergifteten. Bei so spät einsetzenden Vergiftungserscheinungen ist der Verdacht auf Genuß von Knollenblätterpilzen gerechtfertigt. Es gibt aber einen tödlich giftigen Pilz Dermocybe orellana, den dunkelfuchsigen Hautkopf, bei dem die Vergiftungserscheinungen erst nach 3–14 Tagen auftreten. Der Tod folgt wesentlich später. (Erst 1957 wurde das Gift dieses Pilzes entdeckt.) Sehr giftig sind zwei kleine Schirmpilze (Lepiota scobinella und Lepiota brunneoincarnata). Sie wurden erst 1930 als gefährliche Giftpilze entdeckt. 6 bis 12 Stunden nach dem Genuß beginnen die ersten Vergiftungserscheinungen. Zu der Gruppe der gefährlichen Giftpilze gehört auch die Frühjahrslorchel (Gyromitra esculenta) und die Riesenlorchel (Gyromitra gigas). Die Vergiftung tritt in 2–6 Stunden nach Genuß auf (Mattigkeit, Kopfschmerzen, Durst, Vollgefühl, Übelkeit, heftiges Erbrechen, wässerige Durchfälle mit Blut und Schleim). Verantwortlich dafür machte man die Helvellasäure, was aber nach neueren Forschungen nicht zutrifft. Auch hier handelt es sich um eine Kombination verschiedener Gifte. Trotz Abkochens kommen immer wieder Todesfälle vor. Vor einigen Jahren entdeckte man eine tödlich wirkende chemische Verbindung, die man mit dem Namen Gyromitrin bezeichnete.
Sofort den Arzt rufen! Einweisung in ein Krankenhaus.
In die Gruppe der ernst zu nehmenden Giftpilze gehört auch der unerhitzte Kronenbecherling (Sarcosphaera eximia (Dur. et Lev.) R. Mre. = S. coronaria Jacq.), der auf Kalk im Juni und Juli truppweise auftritt. Folgen der Vergiftung (Anzeichen wie bei der Frühjahrslorchel): Nierenerkrankung, innere Blutungen, Zerstörung der roten Blutkörperchen. Ähnlich wirkt auch das Gift des Kahlen Kremplings, der früher sogar für eßbar gehalten wurde.
Bei einer weiteren Pilzgruppe treten die Vergiftungserscheinungen beim Genuß oder kurz danach auf. In der Regel kommt es weder zu Erbrechen noch zu Durchfällen. Die Nervengifte Muscarin und Pilzatropin bewirken eine starke zentrale Erregung mit rauschartigen Verwirrungszuständen – Weinen, Lachen, schließlich Tobsucht. Nach den Erregungszuständen folgt ein narkoseähnliches Lähmungsstadium, Bewußtlosigkeit.
Wieder ist es notwendig, sofort einen Arzt zu rufen. Unterdessen kann versucht werden, Magen und Darm zu entleeren, soweit der Vergiftete noch bei Bewußtsein ist.
Zu dieser Gruppe gehören Amanita pantherina, Pantherpilz und der Fliegenpilz und dessen Varietät Amanita regalis (Fr.) R. Mre = Königsfliegenpilz (Amanita umbrina Fr.).

Im Fliegenpilz befinden sich zwei Hauptwirkstoffe, Muscarin und Muscaridin. Diese verschieben sich jeweils nach dem Standort und wechseln das Mengenverhältnis. Der Fliegenpilz wird dadurch in manchen Gegenden Sibiriens als Rauschmittel benutzt; denn das Muscarin bewirkt auf die Großhirnrinde Rauschzustände.

Ähnliche »Magische Pilze« verwendet man in Südamerika, doch diese gehören zu der Gattung Psilocybe (Kahlköpfe), 11 Arten, Stropharia (Träuschling), eine Art, und Conocybe (Sammethäubchen), eine Art.

Weiterhin gehören der Nervengift-Gruppe folgende Pilze an:
Der lebensgefährliche Inocybe patouillardii = Ziegelroter Rißpilz. Dieser hat 20mal mehr Muscarin als der Fliegenpilz, ferner Inocybe napipes = Rübenfüßiger Rißpilz, Inocybe geophylla = Erdblätteriger Faserkopf und zahlreiche andere schwergiftige Rißpilze. Im Jahre 1965 verspürte eine dreiköpfige Familie Vergiftungserscheinungen nach dem Genuß von Gulasch. Die Frau fand in dem Rasen ihres Vorgartens sechs kleine Pilze, die sie für Nelkenschwindlinge (Marasmius oreades) (Fr. ex Bolton) hielt und in das Fleischgericht tat. 30 Minuten nach dem Essen kamen starker Schweißausbruch, Durchfall (keine Magenschmerzen), vermehrte Harnabsonderung, Unruhegefühl, teilweise Schüttelfrost. Nach einer Stunde traten Sehstörungen auf, die sich in der zweiten Stunde noch steigerten. Die Patienten kamen sofort in die Klinik. Ein Pilz wurde noch im Garten gefunden und der Pilzstelle vorgelegt und von dieser einwandfrei als Inocybe praetervisa Quel. (Gerandetknolliger Rißpilz) identifiziert. Die entsprechende Behandlung konnte nun vorgenommen werden, und nach 4–5 Stunden wurden die Patienten entlassen. Dieser Fall beweist klar die hohe Giftigkeit mancher Rißpilzarten. Der Pilz wurde bereits 1925–1928 zu den am schwersten giftigen Rißpilzen gezählt. Jeder hatte doch nur ganz wenig von diesem Giftpilz gegessen und diese unerwartete Wirkung! Ein Vorteil bei Rißpilzvergiftungen ist die Tatsache, daß die Vergiftungserscheinungen sofort auftreten und Hilfeleistungen dementsprechend rasch erfolgen können. Ferner zeigt sich hier wieder deutlich, daß amtliche Pilzberatungsstellen außerordentlich wichtig sind.
Einige Trichterlinge sind ebenfalls genau zu unterscheiden wie der Rinnigbereifte Trichterling (Clitocybe rivulosa), der Rasentrichterling (Clitocybe dealbata), Laubfreund-Trichterling (Clitocybe phyllophila) sowie einige Fälblinge, die etwas Muscaringehalt haben.
Die Rötlinge (Rhodophyllus) sind auch mit Vorsicht zu ernten. Der gefährlichste unter ihnen ist der Riesenrötling (Rhodophyllus sinuatus).

Er ist nicht tödlich, aber doch gefährlich giftig (Todesfälle von Kindern sind bekannt).
15–60 Minuten nach der Mahlzeit setzen heftiges Erbrechen und starker Durchfall ein, es folgen anhaltende Übelkeit, Kopf- und Leibschmerzen. Da er auch Leberschädigungen hervorruft, bildet er einen Übergang zur Protoplasmagruppe. Doch durch die kurze Latenzzeit ist es möglich, den Vergifteten sofort in ärztliche Behandlung zu geben. Für Magen- und Stuhlentleerung sorgen. Medizinische Kohle geben.

Bei den Egerlingen haben wir nur zwei giftige Vertreter: den Giftegerling

(Agaricus xanthoderma), wegen seines auffallenden Karbolgeruches auch Karbolegerling genannt. Die gleiche Giftwirkung erzeugt der Perlhuhnegerling (Agaricus meleagris). Beide gehören aber zu den leichteren Giftpilzen. Die meisten der übrigen Giftpilze wirken auf die Verdauungsorgane.

Blätterpilze, die Verdauungsstörungen hervorrufen:

Amanita citrina: Gelblicher Knollenblätterpilz (schwach giftig)

Amanita pseudorubescens: Falscher Perlpilz. Diese Art bedarf noch gründlicher Überprüfung

Amanita porphyria: Porphyrbrauner Wulstling

Lepiota acutesquamosa: Spitzschuppiger Schirmling

Tricholoma pardinum: Tigerritterling (kann schwere Vergiftungen hervorrufen)

Tricholoma virgatum: Brennender Ritterling

Tricholoma sulphureum: Schwefelritterling und 10 andere Ritterlinge

Inoloma traganus: Lila Dickfuß (nur in größeren Mengen giftig)

Pleurotus olearius: Ölbaumtrichterling

12 Milchlinge

10 Täublinge

Marasmius urens: Brennender Schwindling

Hypholoma fasciculare: Grünblättriger Schwefelkopf

Röhrenpilze:

Boletus satanas: Satansröhrling (kann schwere Vergiftungen hervorrufen)

Boletus calopus: Schönfußröhrling

Boletus radicans: Bitterröhrling

Clavaria pallida: Bauchwehkoralle

Clavaria formosa: Schöne Koralle

Scleroderma aurantium: Kartoffelbovist

Pilze, die – roh gegessen oder wenig gekocht – Verdauungsstörungen bewirken:

Boletus luridus: Netzstieliger Hexenröhrling

Boletus erythropus: Flockenstieliger Hexenröhrling

Amanita rubescens: Perlpilz

Amanitopsis vaginata: Scheidenstreifling

Armillariella mellea: Hallimasch

Lactarius helvus: Maggi-Pilz.

Der Genuß von Faltentintling, Glimmertintling und Netzstieligem Hexenröhrling hat unangenehme Folgen, wenn man zuvor oder hernach Alkohol trinkt. Man konnte lange nicht herausbringen, woher die Vergiftung kam. Zuerst Rötung des Gesichts, die ins Violette übergeht und sich über den Nacken und einen großen Teil des Körpers ausbreitet, während Nasenspitze und Ohrläppchen blaß bleiben. Erst als in anderem Zusammenhang der Entwöhnungsstoff »Antabus« entdeckt wurde, haben spätere Untersuchungen gezeigt, daß der gleiche Stoff in Coprinus atramentarius enthalten ist. Armillariella mellea verursacht oft Magenschmerzen. Hier dürfen die Stiele nicht verwendet werden; denn sie enthalten viel Salicylsäure und reizen die Magenschleimhaut. Da der Hallimasch schwer verdaulich ist, vor der Zubereitung durch die Maschine drehen.

Tödlich enden jedes Jahr mehrere Pilzvergiftungen in Deutschland. Eine Verwechslung der auf dieser Seite abgebildeten Pilze ist zu über 90% daran schuld. Aufgeschnittene Jungpilze beachten!

TÖDLICH GIFTIG!

**Grüner Knollenblätterpilz**
(oben) Beschreibung Seite 19

GUTER SPEISEPILZ

**Anis-Champignon**
(unten) Beschreibung Seite 53

Pilzvergiftungen treten auch nach dem Genuß verdorbener Pilze, vor allem verdorbener Pilzkonserven, auf. Solche »Vergiftungen« beginnen meistens mit Übelkeit, Leibschmerzen und Muskelkrämpfen, sie ähneln dem Botulismus bei Wurst- oder Fleischvergiftung. Der Patient gehört sofort in die Hände eines Arztes.
Ältere Personen sollten Pfifferlinge, Hallimasch, Falsche Pfifferlinge, härtere Trichterlinge, Täublinge immer durch die Maschine drehen, damit beim Genuß keine Verdauungsstörungen entstehen und keine Magenverstimmungen auftreten.
Vielfach ist es nicht möglich, das Sammelgut, wenn man abends nach Hause kommt, sofort zu verwenden. In diesem Fall müssen die Pilze geputzt, dürfen aber nicht gewaschen werden. Dann kann man sie ausgebreitet an einem kühlen Ort (Fensterbrett, Balkon) bis zum Morgen aufheben. Kühlschrank ist nicht zu empfehlen. Am schnellsten verderben die Pilze in Plastiksäckchen (in Stunden).
Bei der Pilzberatung wird man immer wieder gefragt: »Darf man gefrorene Pilze essen?« Ich kann das bejahen. Doch ist Vorsicht geboten. Wenn die Pilze auftauen, müssen sie genau so aussehen wie frische Pilze; schmierige oder schwammige Exemplare sind zu entfernen. Bei öfterem Gefrieren und wieder Auftauen sind die Pilze zum Genuß nicht mehr geeignet. Die aufgetauten Pilze müssen sofort verwendet werden. Denn der Frost bewirkt eine mechanische Zellzerstörung.

## Zeichenerklärung:

= Eßbar

= Bedingt genießbar

= Ungenießbar

† = Giftig

†† = Tödlich giftig

roter Balken: Giftpilze
grüner Balken: Röhrlinge und Porlinge
gelber Balken: Blätterpilze
blauer Balken: Andere Pilze

## Grüner Knollenblätterpilz *Amanita phalloides (Fr.) Secr.*

**Wichtigste Kennzeichen:**
Weißbleibende Lamellen, Stiel mit Knolle, Hülle und Manschette.

††

**Hut:** Olivgrün, oft heller; junge Pilze sind von der äußeren Hülle wie von einer Eischale umgeben. Auf dem Hut oft Reste derselben, etwas radialfaserig.
**Lamellen:** Reinweiß (niemals rosa oder dunkel wie bei Champignons!), gedrängt, frei.
**Stiel:** Verhältnismäßig schlank, weiß bis leicht olivgrün, entspricht der Hutfarbe, etwas dunklere Bandzeichnung (genattert). Manschette weiß bis grünlich, herabhängend. Stielfuß endet in einer kugeligen Knolle, die mitunter tief in der Erde steckt, umgeben von einer lappigen, zackig aufgerissenen weißen Hautscheide, nur bei alten Pilzen oft vergänglich. Verdächtige Pilze daher immer herausheben.
**Fleisch:** Reinweiß, nur unter der Oberhaut etwas grünlich, häufig von Schnecken usw. angefressen (kein Kennzeichen der Eßbarkeit!).
**Geruch:** Süßlich honigartig (Kunsthonig!).
**Geschmack:** Mild, Kostprobe ist lebensgefährlich!
**Standort und Vorkommen:** Unter Eichen, in Parkanlagen, Juli bis Oktober.
**Bemerkung:** Tödlich giftig!
**Verwechslungsmöglichkeiten:** Champignons, Grüne Täublinge, Grünling. Es gibt vom Grünen Knollenblätterpilz schneeweiße, ebenfalls tödlich giftige Abarten!

## Weißer oder Frühlingsknollenblätterpilz

*Amanita verna (Bull. ex Fr.) Pers. ex Vitt.*

††

**Wichtigste Kennzeichen:**
Jung fast kegeliger, alt flacher Hut, alle Teile mehr oder weniger weiß, Stielbasis mit Knolle und Scheide.

**Hut:** Erst fast halbkugelig bis kegelig, älter wird er flacher bis fast trichterig. Der Hut kann etwas schmierig sein, ist aber in der Regel am Rande nicht gerieft. Der Durchmesser beträgt 4–7 cm.
**Lamellen:** Reinweiß, ziemlich dichtstehend, frei.
**Stiel:** Weißlich, mehr oder weniger überfasert, mit einer nicht sehr dauerhaften Manschette und einer weißen Scheide versehen. Er wird bis 8 cm lang.
**Fleisch:** Weiß – Kostprobe ist lebensgefährlich!
**Geruch:** Unauffällig, höchstens alt mit unangenehmem süßlichen Geruch.
**Geschmack:** Unangenehm.
**Standort und Vorkommen:** Erscheint zeitig im Frühjahr, kommt aber auch zur Hauptpilzzeit vor.
**Bemerkung:** Tödlich giftig.
**Verwechslungsmöglichkeiten:** Anisegerling (»Champignon«), Eierwulstling (kommt bei uns kaum vor).
**Besonderheit:** Viele Tiere können Knollenblätterpilze fressen ohne Schaden zu nehmen!

## Pantherpilz

*Amanita pantherina (Fr.) Secr.*

**Wichtigste Kennzeichen:**
Manschette in der Stielmitte, glatt, nicht gerieft.
Der Stiel sitzt in der Knolle
wie ein Korken in der Flasche.

†

**Hut:** Bis 10 cm Durchmesser, grau bis gelbbraun mit vielen weißen Flecken, Hutrand gerippt, Oberhaut abziehbar, unter der Huthaut deutlich weiß.
**Lamellen:** Nicht am Stiel angewachsen, weiß, weich, dichtstehend.
**Stiel:** Bis 12 cm hoch, weiß, flockig gefasert, in die stulpenförmige Knolle eingepfropft. Manschette weiß, erst abstehend, dann hängend. Stiel und Manschette ungerieft. Über der Stulpenknolle bisweilen undeutliche Gürtelzonen.
**Fleisch:** Weiß.
**Geruch:** Rettichartig.
**Geschmack:** Geschmacksprobe gefährlich!
**Standort und Vorkommen:** Laubwald, Nadelwald, gern auf Sandboden, Juli bis Oktober.
**Bemerkung:** Sehr giftig!
**Verwechslungsmöglichkeiten:** Perlpilz (eßbar), Gedrungener Wulstling (bedingt eßbar).

## Fliegenpilz

*Amanita muscaria (Fr.) Hook.*

**Wichtigste Kennzeichen:**
Roter Hut mit weißen Warzen,
gerandert-wulstige Knolle. Stiel mit Manschette.

†

**Hut:** Je nach Unterart rot, hellbraun, dunkelbraun, gelb. Alle Arten auf der Hutfläche weiße Warzen.
**Lamellen:** Weiß, abgerundet, gedrängt.
**Stiel:** Weiß bis blaßgelb, bis 20 cm hoch, Manschette weiß, hängend, Fußknolle sehr groß, wulstig gerandet, mit warzigen Gürteln.
**Fleisch:** Weiß, unter der Huthaut gelb.
**Geruch und Geschmack:** Nicht hervortretend.
**Standort und Vorkommen:** Nadelwald und Laubwald, saurer Boden, Juli bis November.
**Bemerkungen:** Durch seine Farbe nicht zu verwechseln; giftig, auch nach Abzug der Huthaut.
Bekannt ist eine sehr schlanke goldgelbe Form, meist ohne Hüllflokken (Amanita muscaria var. aureola Kalchbr.) und eine braune mit reichlich, meist konzentrisch angeordneten Hüllflocken (Amanita muscaria var. umbrina F.). Beide sind giftig.

## Ziegelroter Rißpilz

*Inocybe patouillardii Bres.*

**Wichtigste Kennzeichen:**
Bei Druck, Bruch usw. rötend.
Hut aufreißend.
Lamellen ausgebuchtet und blaß.

†

**Hut:** 3–9 cm Durchmesser, weiß, später gelblich, bei Verletzungen und im Alter ziegelrot anlaufend. Zuerst kegelförmig, dann breiter, in der Mitte jedoch immer mit deutlichem Buckel.
**Lamellen:** Weiß, im Alter breit, am Stiel tief ausgebuchtet, Schneide weiß.
**Stiel:** Zuerst weiß, dann zinnoberrötlich, besonders an Druckstellen, faserig, unten etwas gekrümmt, am Grunde knollig verdickt.
**Fleisch:** Weiß, im Hut schwach, im Stiel stärker rosa.
**Geruch:** Schwach obstig, im Alter nach Tabak.
**Geschmack:** Mild bis schwach scharf, Kostprobe lebensgefährlich!
**Standort und Vorkommen:** Laubwälder, Parkanlagen, unter Buchen und Linden; Mai bis Juli (eventuell September).
**Verwechslungsmöglichkeit:** Mairitterling. Im Jugendzustand sind beide Pilze schwer zu unterscheiden. Inocybe patouillardii hat 20mal mehr Muskarin als der Fliegenpilz. Glücklicherweise treten die Vergiftungserscheinungen sofort nach dem Genuß auf (Magen sofort entleeren – Arzt holen!).

## Riesenrötling

*Rhodophyllus sinuatus (Fr.) Sing.*

**Wichtigste Kennzeichen:**
Mehlgeruch,
ausgebuchtete, blasse Lamellen,
Hut meist ± faserig.

†

**Hut:** 6–20 cm groß, blaßlilagrau, ledergelblich mit eingewachsenen dunklen Fasern, jung mit eingebogenem Rand, gewölbt, dann verflacht, Mitte dickfleischig.
**Lamellen:** Lange gelblichblaß, dann fleischrosa, etwas entfernt, ausgebuchtet.
**Stiel:** Am Grunde oft knollig verdickt, knieförmig gebogen.
**Fleisch:** Weiß, im Stiel längsfaserig.
**Geruch:** Widerlich, schwach mehlartig.
**Geschmack:** Keine Kostprobe – giftig!
**Standort und Vorkommen:** Laubwald, besonders unter Eichen, auf lehmigem Boden, August bis September.
**Bemerkung:** Giftig!
**Verwechslungsmöglichkeiten:** Weiße Champignons, Nebelgrauer Trichterling (herablaufende, nie rosafarbene Lamellen).

## Tigerritterling

*Trichol. pardinum Quél.*

**Wichtigste Kennzeichen:**
Hut mit großen Schuppen,
Stiel an der Spitze tränend,
Mehlgeruch.

†

**Hut:** Grau, lilagrau bis graubräunlich, gewölbt bis verbogen, mit zahlreichen, oft dachziegelig stehenden Schuppen, 5–12 cm breit, dickfleischig.
**Lamellen:** Weiß, am Stiel etwas ausgebuchtet.
**Stiel:** Weißlich, dickfleischig, fest, vor allem frisch an der Stielspitze tränend, 5–10 cm lang und 1–2,5 cm dick.
**Fleisch:** Weißlich, riecht nach Mehl und schmeckt mild.
**Standort und Vorkommen:** Im Sommer und Herbst im Nadel-, aber auch im Laubwald, gesellig.
**Bemerkung:** Giftig.
**Verwechslungsmöglichkeiten:** Ähnlich sind verschiedene graue Ritterlinge sowie der Nebelgraue Trichterling, die man besser wegläßt.

## Satanspilz

*Boletus satanas Lenz*

**Wichtigste Kennzeichen:**
Hut gräulich, Stiel dick,
stellenweise rot.
Geruch alt schlecht (aasartig)

†

**Hut:** 6–25 cm Durchmesser, weißlichgrau wie ein Totenschädel, trocken, etwas verbogen, polsterförmig. Röhren gelbgrünlich, Röhrenmündungen karminrot, im Alter schmutziggrün, bei Druck blau werdend.
**Stiel:** Dickbauchig, oben gelb, unten karminrot, am Grunde grünlichgrau, mit feiner, karminroter Netzzeichnung, bis 12 cm hoch.
**Fleisch:** Weiß, beim Durchschneiden bläulich, im Stiel rötlich, fest.
**Geruch:** Mit zunehmendem Alter Verwesungs-Geruch.
**Geschmack:** Mild (keine Kostprobe!).
**Standort und Vorkommen:** Lichter Laubwald (Buchen), Nadelwald, auf Kalkboden.
**Bemerkung:** Giftig!
**Verwechslungsmöglichkeiten:** Dickfußröhrling (Vorsicht!), Netzstieliger Hexenröhrling, Steinpilz.

## Gemeiner Kartoffelbovist

*Scleroderma aurantium*
*(Scleroderma aurantium Vaill. ex Pers.)*

**Wichtigste Kennzeichen:**
Kugel- bis kartoffelförmiger Pilz mit dicker, bräunlicher, in Felder aufgerissener »Rinde«.
Das Innere ist erst weiß, später dunkelviolett bis schwarz.

†

**Fruchtkörper:** Der Pilz besitzt weder einen Stiel noch Lamellen bzw. Röhren, Poren, Stacheln oder Leisten. Er ist kugelig-kartoffelförmig, knollig, außen warzig-felderig und ockergelb. Er wird bis 6 cm groß. Die »Rinde« ist 2–3 mm dick und fest. Im Alter reißt sie oben unregelmäßig auf, kann aber auch lange Zeit geschlossen bleiben.
**Fruchtschicht:** Die im Innern erzeugten Sporen färben das anfangs weiße Fleisch bald violett. Dieses ist zunächst fest, wird dann aber weicher. Im Alter ist es »staubig« (das sind die Sporen).
**Geruch:** Etwas unangenehm.
**Standort und Vorkommen:** Gesellig auf Weiden, an Waldwegen und in sandigen Kiefernwäldern. Häufig im Herbst.
**Besonderheit:** Der Kartoffelbovist wird ab und zu von dem parasitierenden Schmarotzerröhrling befallen, obwohl der Kartoffelbovist giftig ist, kann der Schmarotzerröhrling gegessen werden.
**Verwechslungsmöglichkeiten:** Weichboviste (Gattungen Lycoperdon, Bovista, Calvatia u. a.). Diese besitzen alle keine dicken Wände, sind außen nicht dunkelgefeldert und werden im Innern im Alter ockerbraun bis braun.

## Frühjahrslorchel

*Gyromitra esculenta Pers. ex Fr.*

**Wichtigste Kennzeichen:**
Hut wulstig-lappig, braun, ohne Lamellen, Poren, Stacheln o. ä.
Stiel weiß und etwas grubig.

†

**Fruchtkörper:** Wulstig-lappig, verbogen und asymmetrisch, rotbraun, etwa 4–7 cm hoch. Der Stiel ist kurz, weißlich und grubig-vertieft.
**Fleisch:** Weißlich, wachsartig mit würzigem Geruch und Geschmack.
**Geruch und Geschmack:** Unauffällig.
**Standort und Vorkommen:** Der Pilz ist in Süddeutschland selten, kommt dagegen in Nord- und vor allem Ostdeutschland häufiger vor. Er liebt sandige Kiefernwälder und erscheint dort schon im März oder April.
**Bemerkungen:** Roh oder ungenügend gekocht ist die Frühjahrslorchel ein lebensgefährlicher Giftpilz. Beim Trocknen und längeren Kochen wird das Gift allerdings zerstört. Trotzdem sollte man sie nicht verwenden, denn eine Kontrolle über verbliebene Giftreste ist nicht möglich.

## Kahler Krempling

*Paxillus involutus (Batsch) Fr.*

**Wichtigste Kennzeichen:**
Braunverfärbung bei Druck,
weit herablaufende Lamellen.

†

**Hut:** Glatt, nach Regen glänzend, schleimig, rostbraun oder lederbraun, flach gewölbt, später trichterförmig vertieft, Rand stark eingerollt, filzigzottig, später ausgebreitet, Druckstellen braunfleckig, 6–15 cm Durchmesser.
**Lamellen:** Bei Berührung braunfleckig, gelbbraun, am Stiel herablaufend, leicht ablösbar, im Grunde aderig verbunden.
**Stiel:** Voll, fest, kahl, Farbe wie Oberhaut, druckempfindlich, oft exzentrisch.
**Fleisch:** Gelbbraun, verfärbt sich bei Druck und beim Kochen dunkelbraun.
**Geruch:** Leicht säuerlich.
**Geschmack:** Mild.
**Standort und Vorkommen:** Laub- und Nadelwald, oft herdenweise, Juli bis November.
**Bemerkung:** Galt früher als eßbar, ist jedoch giftig. Er verursacht bleibende Organschäden (z. B. an der Leber).

## Steinpilz

*Boletus edulis Fr.*

**Wichtigste Kennzeichen:**
Geschmack mild, nußartig;
Stiel nie rot, Fleisch bleibt blaß

**Hut:** 5–30 cm Durchmesser, hell bis dunkelbraun, in der Jugend trokken, im Alter bei feuchtem Wetter etwas schlüpfrig, polsterförmig. Die Röhren in der Jugend fast weiß, dann mit einem Stich ins Gelbgrünliche, schließlich gelbgrün.
**Stiel:** Anfangs bauchig, später keulenförmig, im Alter fast walzenförmig, manchmal weiß oder weißlich, später bräunlich verfärbt, aber heller als der Hut und mit einer langmaschig gestreckten Netzzeichnung verziert.
**Fleisch:** Dickfleischig, weiß, unterhalb der Oberhaut manchmal etwas bräunlich, an der Schnittfläche nicht verfärbend.
**Geruch:** Angenehm, nußartig.
**Geschmack:** Nußartig.
**Standort und Vorkommen:** Laub- und Nadelwälder, Waldwiesen, Grasplätze, Mai bis November.
**Bemerkungen:** Ein vorzüglicher Speisepilz. Geeignet zum Braten, Schmoren, Einmachen, Trocknen, für Suppen, Salate usw. Bei älteren Pilzen die Huthaut abziehen und die Röhrenschicht entfernen.
**Verwechslungsmöglichkeit:** Ähnlich sind Gallenröhrling, Dickfußröhrling und Satanspilz.

## Sommer-Steinpilz

*Boletus aestivalis Paul. ex Fr.*

**Wichtigste Kennzeichen:**
Dem gewöhnlichen Steinpilz sehr ähnlich, lediglich die Hüte sind heller.
Außerdem ist der Stiel mit einem weißen Netz bis zur Basis überzogen.

**Hut:** Erst stark, später schwach gewölbt, alt auch etwas verbogen, bisweilen etwas schmierig, hellbraun, etwas filzig, am Rande oft weißlich, 6–15 cm breit. Huthaut bei Trockenheit in unregelmäßige Felder aufreißend.
**Röhren:** Erst blaß, später grünlich. Poren weiß, bald gelbgrünlich bis grünlich, weich.
**Stiel:** Weißlich bis blaßbraun, etwas keulig, mit weißem »Netz« überzogen, bald weich und schwammig, 5–14 cm lang und an der Basis bis 4 cm dick.
**Geruch und Geschmack:** Unauffällig.
**Standort und Vorkommen:** Gesellig im Laubwald, im Juli und August.
**Bemerkungen:** Jung sehr schmackhaft, älter wird der ganze Pilz etwas schwammig.
Über Verwechslungsmöglichkeiten lese man beim Steinpilz nach.

## Gallenröhrling

*Tylopilus felleus (Fr.) Karst*

**Wichtigste Kennzeichen:**
Bitterer Geschmack;
Röhrenmündungen werden rosabraun

**Hut:** 4–12 cm breit, olivgrau, hellbraun bis dunkelbraun, Oberhaut samtig bis glatt, nicht abziehbar. Röhren weiß, rosa bis rötlichgelb, bei Druck rotbraun anlaufend. Am Stiel verkürzt; bei älteren Pilzen polsterförmig vorquellend.
**Stiel:** Knollig oder keulenförmig, gelb bis bräunlich, mit blaßgelblicher Netzzeichnung.
**Fleisch:** Weiß, fest bis schwammig, im Stiel faserig.
**Geruch:** Ohne besonderen Geruch.
**Geschmack:** Gallenbitter. Sicheres Kennzeichen: Kostprobe.
**Standort und Vorkommen:** Nur Nadelwald, Juni bis Oktober.
**Bemerkungen:** Nicht giftig, aber wegen seines bitteren Geschmacks ungenießbar.
**Verwechslungsmöglichkeit:** Wird jung häufig mit dem Steinpilz verwechselt.

## Königsröhrling

*Boletus regius Krbh.*

**Wichtigste Kennzeichen:**
Röhrenpilz mit rötlich getöntem Hut, zitronengelben Poren, leuchtend gelbem Stiel und dem Gesamteindruck eines Steinpilzes.

**Hut:** Mehr oder weniger stark gewölbt, dickfleischig, gelblich, aber mehr oder weniger stark mit roten bis purpurnen Fasern oder Schüppchen bedeckt. Durchmesser 6–12 cm.
**Röhren und Poren:** Gelb, Poren zitronengelb, alt auch goldgelb.
**Stiel:** Meist etwas keulig, jung sogar stark, zitronengelb, in der Basis etwas rosa getönt, 5–12 cm lang und bis zu 3 cm dick. Weder Stiel, noch Fleisch noch Poren verfärben sich blau.
**Fleisch:** Gelb
**Geruch und Geschmack:** Unauffällig.
**Standort und Vorkommen:** Gesellig, aber nicht sehr häufig, in grasigen Buchenwäldern. Sommer.
**Bemerkungen:** Guter Speisepilz, der jedoch wegen seiner Seltenheit geschont werden sollte.
**Verwechslungsmöglichkeit:** Ähnlich ist der Purpurröhrling, dessen Poren aber bald karminrot bis blutrot werden; er ist ungenießbar.

## Birkenröhrling

*Leccinum scabrum (Bull. ex Fr.) S. F. Gray*

**Wichtigste Kennzeichen:**
Man unterscheidet heute etwa 8 verschiedene Birkenröhrlinge. Alle sind eßbar!
Der echte Birkenröhrling besitzt weiches, nicht schwärzendes Fleisch, hat einen bräunlichgrauen Hut und einen länglichen Stiel mit schwärzlichen Schüppchen. Er wächst bei Birken.

**Hut:** Gewölbt, graubräunlich, nicht sehr festfleischig, 4–8 cm breit.
**Röhren und Poren:** Erst weißlich, später schmutzig graugelblich bis grauweißlich, bald weich.
**Stiel:** Schlank, blaß, mit dunkelbraunen bis schwarzen Schüppchen bedeckt, bis 15 cm lang. Das Fleisch verfärbt sich nicht.
**Fleisch:** Weiß, später graulich. Jung festes Fleisch, das aber besonders im Hut bald schwammig wird.
**Geruch und Geschmack:** Unauffällig.
**Standort und Vorkommen:** Einzeln oder in kleineren Gruppen im Sommer und Herbst. Bei Birken.
**Bemerkungen:** Der Birkenpilz steht im Geschmack seinen Verwandten nach. Er ist weniger fest und weniger ergiebig. Als Mischpilz sind jedoch die jüngeren Pilze gut zu gebrauchen.
**Verwechslungsmöglichkeiten:** Keine, wenn man auf den schwarzschuppigen Stiel und die graulichen Röhren achtet. Ähnliche Giftpilze gibt es nicht.

## Netzstieliger Hexenröhrling

*Boletus luridus Fr.*

**Wichtigste Kennzeichen:**
Hut nie grau, Stiel schlanker,
in der Basis weinrot.

**Hut:** 4–20 cm Durchmesser, gelbbraun bis schmutzigbraun, filzig, später kahl, dickfleischig, polsterförmig. Röhren orangerot bis braunrot oder dunkelpurpur, bei Berührung sofort blaugrün bis dunkelblau anlaufend.
**Stiel:** Oben gelb bis orange, unten purpurrot, mit rötlicher Netzzeichnung. In der Jugend bauchig, dann länger und nach unten keulenförmig, bei Druck blau anlaufend, bis 13 cm hoch.
**Fleisch:** Blaßgelb, im Stielgrund weinrot (Hauptkennzeichen!), wird im Bruch sofort blau bis blaugrün.
**Geruch:** Nicht ausgeprägt.
**Geschmack:** Säuerlich.
**Standort und Vorkommen:** Laubwald (Eichen, Linden, Buchen), auf Lehm- und Kalkböden, in Parkanlagen, Juni bis Oktober.
**Bemerkungen:** 20 Minuten abkochen, Wasser weggießen, eßbar, aber keinen Alkohol trinken, da sonst Herzbeschwerden und Übelkeit eintreten können.

## Rotfußröhrling *Xerocomus chrysenteron (St. Amans) Quél.*

**Wichtigste Kennzeichen:**
Röhrenmündungen gelbgrün,
Geschmack mild.

**Hut:** 3–7 cm Durchmesser, bräunlich, grau bis dunkelolivbraun, oft rissig. In den Rissen oder unter der Oberhaut gerötet. Halbkugelförmig, später flach gewölbt. Röhren gelb, später gelbgrün, bei Druck schmutziggrün anlaufend. Röhrenmündungen groß, eckig, am Stiel angewachsen.
**Stiel:** Verhältnismäßig dünn, gelb oder braungelb, rot überlaufen, fest, nicht hohl, meist ein wenig gebogen, 4–8 cm hoch.
**Fleisch:** Gelb oder blaßgelb, später fast weiß, am Stiel schmutzigrot, an Bruchstellen blau bis rötlich anlaufend, im Alter schwammig.
**Geruch:** Angenehm, obstartig.
**Geschmack:** Mild.
**Standort und Vorkommen:** Nadelwald, Laubwald, besonders an Lichtungen und Waldrändern, Juli bis Dezember.
**Bemerkungen:** Speisepilz von mittlerer Qualität, jung sehr schmackhaft. Verwendung wie Steinpilz. Oft vom Goldschimmel (Hypomyces chrysospermus Bull.) befallen, dann ungenießbar.
**Verwechslungsmöglichkeit:** Dickfußröhrling. Dieser ist größer und schmeckt bitter.

## Maronenröhrling

*Xerocomus badius Fr.*

**Wichtigste Kennzeichen:**
Röhrenpilz mit schokolade- bis kastanienbraunem Hut, weißlichem, etwas blauendem Fleisch, bräunlichem Stiel und grünlichgelben, lange Zeit festen, bei Druck sofort blauenden Röhren.

**Hut:** Erst gewölbt, später verbogen-konvex bis fast niedergedrückt, samtig-filzig, alt auch etwas schmierig, kastanien- bis schokoladebraun, 5–12 cm breit.

**Röhren und Poren:** Erst blaß grünlichgelb, später mehr grün bis fast bläulichgrün. Bei Druck sofort blauend.

**Stiel:** Gleichdick, bisweilen aber auch nach einer Seite etwas erweitert oder etwas zusammengedrückt, zylindrisch, selten etwas keulig, bräunlich, 4–8 cm lang und etwa 1–2 cm dick.

**Fleisch:** Weiß, leicht bläulich verfärbend, besonders beim Durchschneiden. Anfangs festes Fleisch, später im Hut weich.

**Geruch und Geschmack:** Unauffällig, mild.

**Standort und Vorkommen:** Im Spätsommer und Herbst gesellig im Nadelwald (bisweilen auch im Laubwald). Sehr häufig vorkommend.

**Bemerkungen:** Guter, nur selten vermadeter Speisepilz.

**Verwechslungsmöglichkeiten:** Keine ähnlichen Giftpilze.

## Sandröhrling

*Suillus variegatus (Fr.) Kuntze*

**Wichtigste Kennzeichen:**
Röhrenmündungen dunkeloliv, fester Pilz, Geschmack mild.

**Hut:** Bis 12 cm breit, gelb, goldgelb, ockeroliv. Der Hut ist mit büscheligaarigen kleinen Flocken besetzt, die im Alter und nach Regenwetter verschwinden; trocken, bei Nässe etwas schleimig, halbkugelförmig, später flach polsterförmig, Rand bei jungen Pilzen scharf eingerollt. Röhrenmündungen dunkeloliv, bei Druck blau anlaufend, Röhren kurz, enge Mündung, etwas am Stiel herablaufend.
**Stiel:** Gleichmäßig dick, in der Farbe etwas heller als der Hut, bis 5 cm hoch, unten etwas filzig, sonst glatt.
**Fleisch:** Gelblich-weiß, läuft beim Zerschneiden bläulich an.
**Geruch:** Eigentümlich säuerlich, nicht unangenehm.
**Geschmack:** Mild.
**Standort und Vorkommen:** Kiefern, Heide, Sand, August bis November.
**Bemerkungen:** Eßbar, als Mischpilz und zum Trocknen zu verwenden.

## Körnchenröhrling

*Suillus granulatus (L. ex Fr.) Ktze*

**Wichtigste Kennzeichen:**
Kleinerer Röhrenpilz
mit Tröpfchenbildung an Poren und Stielspitze,
später Stielspitze punktiert.

**Hut:** Orangebräunlich bis gelbbraun, jung stärker, alt kaum gewölbt, 3–8 cm breit, schmierig, trocken glänzend.
**Poren:** Blaßgelb, im frischen Zustand mit vielen weißlichen Tröpfchen bedeckt, ziemlich eng.
**Stiel:** Gelb, jung an der Spitze ebenfalls mit Tröpfchen besetzt, später mit violettlich punktierter Stielspitze. Länge etwa 3–7 cm.
**Fleisch:** Weiß, später gelblich.
**Geruch und Geschmack:** Angenehm, leicht säuerlich.
**Standort und Vorkommen:** Gesellig in grasigen Wäldern, in der Regel bei Kiefern. Spätsommer und Herbst.
**Bemerkungen:** Gut brauchbarer Speisepilz. Leider ist er häufig von Maden befallen. Vor der Zubereitung Huthaut abziehen.
**Verwechslungsmöglichkeiten:** Keine giftigen Doppelgänger.

## Elfenbeinröhrling

*Suillus placidus (Bon.) Sing.*

**Wichtigste Kennzeichen:**
Weißlicher, verlängerter Stiel
mit feinen Drüsenpunkten.
Standort unter Weymouthskiefern und Zirben.

**Hut:** Weiß bis gelblich, schmierig, kaum gewölbt, 3–7, selten über 10 cm breit.
**Poren:** Erst weiß, dann gelb, nicht sehr eng.
**Stiel:** Oben weißlich, abwärts gelblich, mit purpurschwärzlichen Drüsenpunkten bedeckt, schlank, nach unten im Boden verlängert, bis 15 cm lang.
**Fleisch:** Weißlich.
**Geruch und Geschmack:** Unauffällig.
**Standort und Vorkommen:** Ziemlich selten. Im Herbst unter Weymouthskiefern und Zirben, gesellig.
**Bemerkungen:** Genießbar, aber wegen seiner Seltenheit zu schonen.
**Verwechslungsmöglichkeiten:** Keine giftigen Doppelgänger.

## Butterpilz

*Suillus luteus (Fr.) Gray*

**Wichtigste Kennzeichen:**
Stiel mit Ring,
Hut dunkel und meist schmierig.
Geschmack mild.

**Hut:** 5–12 cm breit, bräunlichgelb bis schokoladenbraun, Oberhaut klebrig und leicht abziehbar, bei feuchtem Wetter mit schmierigem, dunkelbraunem Schleim überzogen, bei trockenem Wetter samtig. Hut anfangs kugelig, später halbkugelförmig. Röhren hellgelb, butterfarbig, später braungelb, Mündungen eng, klein. Die Röhren sind mit dem Stiel verwachsen, sie lassen sich leicht vom Hutfleisch lösen.
**Stiel:** Weißlich, nicht hohl, beringt. Über dem Ring mit bräunlichen Punkten besetzt, Ring weiß, später braun, 5–10 cm hoch, 1–2,5 cm dick.
**Fleisch:** Gelblichweiß, sehr weich, saftig.
**Geruch:** Angenehm, obstartig.
**Geschmack:** Mild, im Alter säuerlich.
**Standort und Vorkommen:** Kiefernwald (besonders Lichtungen, Wege und Waldränder), Juli bis Oktober.
**Bemerkungen:** Eßbar, vorzüglicher Speisepilz. Oberhaut abziehen, nicht zum Trocknen geeignet, für Gemüse usw. verwenden.

## Goldröhrling

*Suillus grevillei (Klotzsch) Sing*

**Wichtigste Kennzeichen:**
In allen Teilen goldgelb.
Geschmack mild. Schmierig.

**Hut:** Bis 12 cm breit, goldgelb bis braungelb, Oberhaut zuerst schmierig, bei trockenem Wetter glänzend trocken, Hut halbkugelförmig bis flach. Röhren hellgelb bis bräunlich, an Druckstellen rötlichbraun, engporig, bei jungen Pilzen Hutrand mit gelbem Schleier.
**Stiel:** Hellgelb beringt. Über dem Ring goldgelb und braun punktiert, 4–10 cm hoch, nicht hohl.
**Fleisch:** Gelb, verfärbt sich beim Durchschneiden im Stiel schwach rosig, saftig, zart.
**Geruch:** Obstartig.
**Geschmack:** Mild.
**Standort und Vorkommen:** Nadelwald und Parkanlagen nur unter Lärchen, Juli bis November.
**Bemerkungen:** Eßbar, schmackhaft, bei älteren Pilzen sofort Oberhaut abziehen! Am besten nur junge Pilze verwenden!

## Rostroter Lärchenröhrling

*Suillus tridentinus (Bres.) Sing.*

**Wichtigste Kennzeichen:**
Röhrenpilz mit rostbräunlichem Hut und Stiel; orangerote Röhrenmündungen.

**Hut:** Erst gewölbt, später fast flach, bisweilen sogar etwas tricherförmig, zimtfarben bis orangebräunlich, faserig, 5–12 cm breit.
**Poren:** Erst leuchtend orange, später schmutzig-orange, ziemlich weitstehend. Röhren orangebräunlich. Fleisch zitronengelb.
**Stiel:** Zimtbräunlich, überfasert, mehr oder weniger gleichdick, im oberen Drittel mit einem Ring, 5–10 cm lang und ca. 1 cm dick.
**Fleisch:** Gelb, rötlich bis gelbrosa.
**Geruch und Geschmack:** Unauffällig.
**Standort und Vorkommen:** Auf Kalkboden unter Lärchen. In Deutschland selten.
**Bemerkungen:** Eßbar, aber wegen seiner Seltenheit zu schonen.
**Verwechslungsmöglichkeiten:** Keine giftigen Doppelgänger. Der etwas ähnliche Pfefferröhrling ist viel kleiner und schmeckt roh brennend scharf.

## Strubbelkopfröhrling

*Strobilomyces floccopus (Vahl ex Fr.) Karst.*

**Wichtigste Kennzeichen:**
Schwärzlicher Röhrling mit stark schuppigem Hut.

**Hut:** Stark gewölbt, dickfleischig, graubraun bis grauschwarz, stark aufschuppend, 5–12 cm breit.
**Poren:** Weitstehend, eckig, erst blaßgrau, später dunkler, weich.
**Stiel:** Graubräunlich, fast zylindrisch, etwa 6–14 cm lang und 1–2 cm dick.
**Fleisch:** Im Hut weich und weiß. Beim Anschneiden rötend, später nahezu schwarz verfärbend, im Stiel fast holzig und grauschwarz.
**Geruch und Geschmack:** Unauffällig.
**Standort und Vorkommen:** Nicht sehr häufiger Pilz, der Kalkboden bevorzugt. Man findet ihn im Herbst besonders gern an Wegrändern.
**Bemerkungen:** Genießbar, aber nicht schmackhaft.
**Verwechslungsmöglichkeiten:** Keine.

## Winterporling

*Polyporus brumalis Fr.*

**Wichtigste Kennzeichen:**
Kleinerer gestielter Porling, der im Oktober und November, aber auch im April zu finden ist.

**Hut:** Ziemlich flach, rotbraun bis dunkelbraun, alt oft fast schwarz, etwa 2–8 cm breit, zäh, glatt oder am Rande etwas borstig.
**Poren:** Bis 1 mm lang, ziemlich engstehend, blaß.
**Stiel:** Bräunlich, fast glatt, 2–6 mm dick, abwärts etwas verjüngt.
**Geruch und Geschmack:** Unauffällig.
**Standort und Vorkommen:** Im Herbst und Frühjahr auf Stümpfen, abgefallenen Ästen und lagernden Stämmen.
**Bemerkungen:** Zähe, ungenießbare Pilze mit verschiedenen ebenfalls ungenießbaren Doppelgängern.

## Schafporling

*Albatrellus ovinus Fr.*

**Wichtigste Kennzeichen:**
Feine, kurze Poren; gesellig wachsend.
Hut blaß, Poren und Stiel öfter grünlichgelb.

**Hut:** 5–12 cm breit, blaßgelb bis graugelb, trocken, glatt oder rissig gefeldert, oft wellig verbogen. Röhren anfangs weiß, später gelblich, Mündungen sehr fein, am Stiel herablaufend.
**Stiel:** Bis 5 cm hoch, Farbe wie Hut, glatt, fleischig, ziemlich brüchig.
**Fleisch:** Weiß, leicht gelblich anlaufend, fest, leicht zerbrechlich, Bruchfläche uneben und zackig.
**Geruch und Geschmack:** Pilzartig.
**Standort und Vorkommen:** Sandige Kiefernwälder, sonst selten, Juli bis Oktober.
**Bemerkungen:** Eßbar, jung sehr schmackhaft. Ältere Pilze abbrühen.

## Schmetterlingsporling *Trametes versicolor (Fr.) Pilat*

**Wichtigste Kennzeichen:**
Dachziegelartig und zusammengewachsen, auf Stümpfen; vielfarbig.

**Fruchtkörper:** Flach, gezont, in allen möglichen Farben (grünlich, gräulich, gelblich, braun usw.), fein filzig, 4–6 cm breit.
**Röhren:** Weiß, gelblich oder (alt) etwas orangebräunlich. Poren rundlich, eng.
**Fleisch:** Zäh, blaß, schwach riechend.
**Standort und Vorkommen:** An altem Holz, besonders auf Stümpfen von Buchen, gesellig das ganze Jahr über.
**Bemerkung:** Ungenießbar.
**Verwechslungsmöglichkeit:** Ähnlich ist der fast ganz graue, haarigfilzige Striegelige Porling, der ebenfalls ungenießbar ist.

## Eichenwirrling

*Trametes quercina (L. ex Fr.) Pil.*

**Wichtigste Kennzeichen:**
An Eichenstümpfen wachsender Porling mit labyrinthartigen Poren und grauen Farben.

**Hut:** Graulich bis korkfarbig, ziemlich flach, oberseits runzelig und konzentrisch-gezont, 5–30 cm breit, zäh.
**Poren:** Labyrinthartig verzweigt, oft fast lamellig, breit.
**Stiel:** Fehlt.
**Geruch und Geschmack:** Unauffällig.
**Standort und Vorkommen:** Stets an Eichenholz, meist auf Stümpfen, gesellig-verwachsen oder dachziegelig. Häufig vorkommend.
**Bemerkungen:** Ungenießbar wegen seiner Zähigkeit.

## Grauer oder Gedrungener Wulstling

*Amanita spissa (Fr.) Kummer*

**Wichtigste Kennzeichen:**
Manschette im oberen Stieldrittel, diese parallel gestreift.

**Hut:** Bis 12 cm Durchmesser, grau, aschgrau, oft dunkler, mit großen weißlichen, manchmal konzentrische Kreise bildenden Warzen bedeckt, Rand glatt.
**Lamellen:** Weiß, gedrängt, hinten abgerundet.
**Stiel:** Unten knollig verdickt, zwiebelförmig, keine Lappen, aber mehrere undeutliche, gräuliche Warzengürtel, Manschette abstehend, auffällig gerieft.
**Fleisch:** Weiß, unter der Huthaut am Scheitel grau.
**Geruch:** Schwach nach Rettich.
**Geschmack:** Zuerst mild, später kratzend.
**Standort und Vorkommen:** Nadelwald, Juni bis Herbst.
**Bemerkungen:** Eßbar, nicht empfehlenswert.
**Verwechslungsmöglichkeiten:** Pantherpilz (giftig!), Perlpilz (eßbar). Unerfahrene sollten den Gedrungenen Wulstling auf jeden Fall meiden!

## Perlpilz

*Amanita rubescens*
*(Pers. ex Fr.) S.F. Gray*

**Wichtigste Kennzeichen:**
Blätterpilz mit rötlichem Hut,
weißen Lamellen und weißlichem Stiel
mit Knolle und Manschette.

**Hut:** Anfangs halbkugelig, später gewölbt, fleischrötlich bis rosabräunlich, selten etwas ins Violette gehend, bedeckt mit kleinen, weißen, gelblichen oder rosabräunlichen Schüppchen, 6–16 cm breit.
**Lamellen:** Weißbleibend, frei, breit, weich.
**Stiel:** Keulig bis keulig-knollig, weiß, älter, bei Druck oder Verletzung rötend, an der Basis etwas kreisförmig-feinschuppig. Manschette weiß, gelb oder grauviolett, gerieft.
**Fleisch:** Weiß, beim Anschneiden oder bei Verletzungen langsam rötend.
**Geruch und Geschmack:** Unbedeutend.
**Standort und Vorkommen:** Im Nadel- und Laubwald, gesellig, häufig im Herbst.
**Bemerkungen:** Guter, ergiebiger Speisepilz.
**Verwechslungsmöglichkeiten:** Pantherpilz (s. dort!)

## Scheidenstreifling

*Amanita vaginata (Fr.) Quél.*

**Wichtigste Kennzeichen:**
Stiel ohne Ring,
ohne Knolle, aber mit Hülle an der Basis.
Hutrand stark gestreift.

**Hut:** Hut glockig, später flach ausgebreitet, dünnfleischig. Mit kleinem Buckel, 3–12 cm, Farbe sehr verschieden: gelbbräunlich, var. fulva (Krombholz ex Schaeffer), orangegelb, var. crocea (Quelet), (Schaeff.), blaugrau, var. plumbea (Schaeff.), braun, var. badia (Schaeff.), ganz weiß, var. alba (Gill.).
**Lamellen:** Weiß, nie rosa, gedrängt, breit.
**Stiel:** Schlank, blaß, flockig, stets ohne Ring, hohl sehr gebrechlich, Stielgrund von einer einfachen, schlaffhäutigen zerrissenen Scheide umgeben.
**Fleisch:** Weiß, zart.
**Geruch:** Geruchlos.
**Geschmack:** Süßlich bis mehlartig.
**Standort und Vorkommen:** In Laub- und Nadelwäldern, Juni bis Oktober.
**Bemerkungen:** Guter Speisepilz; aber nicht ergiebig. Roh unbekömmlich.
**Verwechslungsmöglichkeit:** Bei aufmerksamer Beachtung der deutlichen Merkmale nicht möglich.

## Parasolpilz oder Riesenschirmpilz *Macrolepiota procera (Fr.) Sing.*

**Wichtigste Kennzeichen:**
Beweglicher Ring, sehr hoher Pilz.
Stiel genattert, hohl.

**Hut:** 10–25 cm, braunschuppig, junge Pilze wie ein Paukenschlegel.
**Lamellen:** Reinweiß, nicht am Stiel angewachsen, sehr engstehend, weich.
**Stiel:** Bis 30 cm hoch mit verschiebbarem, doppelt gerandetem, fransigem Ring, braunschuppig, genattert.
**Fleisch:** Im Hut weiß und zart, im Stiel faserig-holzig.
**Geruch:** Angenehm.
**Geschmack:** Nußartig.
**Standort und Vorkommen:** Nadelwald, Lichtungen, Waldrand, selten Laubwald, Sommer bis Herbst.
**Bemerkungen:** Guter Speisepilz, besonders schmackhaft als Schnitzel zubereitet. Alte Pilze sind zäh. Exemplare links noch nicht ausgewachsen.
**Verwechslungsmöglichkeit:** Ähnlich ist der ebenfalls eßbare, aber nicht ganz so gute Safranschirmling. Er ist etwas kleiner und sein Fleisch wird – besonders im Stiel – beim Durchschneiden safranrötlich.

## Dünnfleischiger Anis-Champignon

*Agaricus silvicola (Vitt.) Sacc.*

**Wichtigste Kennzeichen:**
Dem Anisegerling ähnlicher, dünnfleischiger Pilz mit im Alter bräunlichem bis schwärzlichem Stielfleisch.

**Hut:** Erst fast halbkugelig, später gewölbt, dünnfleischig, weißlich bis cremefarben, 6–10 cm breit.
**Lamellen:** Erst blaß, dann fleischrosa und schließlich schokoladenbraun bis fast schwarz, frei.
**Stiel:** Etwas keulig bis fast zylindrisch, an der Basis knollig, weiß, 6–12 cm lang, Manschette einfach.
**Geruch:** Frisch angenehm nach Anis. Geschmack mild.
**Standort und Vorkommen:** Einzeln oder in kleineren Gruppen im Nadel-, seltener im Laubwald.
**Bemerkungen:** Besonders im Jugendzustand schmackhafter Speisepilz, dann aber besondere Vorsicht, um Verwechslungen mit den Knollenblätterpilzen zu vermeiden!
**Verwechslungsmöglichkeiten:** Tinten- oder Karbolegerling (mit Karbolgeruch; wird beim Anschneiden in der Knolle chromgelb).

**Anis- oder Schaf-Champignon** *(Agaricus arrensis Schff.):* Hut und Stiel massiger und leicht gilbend, sonst aber dem Dünnfleischigen Anis-Champignon ähnlicher, ausgezeichnet schmeckender Pilz.

## Wiesen- oder Feldchampignon *Agaricus campester Fr.*

**Wichtigste Kennzeichen:**
Nie weiße Lamellen,
Stiel ohne Haut um die Knolle,
in der Stielbasis weißbleibend.

**Hut:** Weiß, alt mit gelblicher bis bräunlicher Mitte, weißseidig glänzend, Oberhaut dick und abziehbar, Hut bis 15 cm breit, kugelig bis flach, dickfleischig.
**Lamellen:** Rosarot bis schokoladebraun.
**Stiel:** Weiß, blaß getönt, mit verjüngter Basis, nicht hohl, Ring weiß, abstehend, nach oben abziehbar, Stiel bis 8 cm hoch.
**Fleisch:** Weiß bis rötlich, läuft zartrosa an.
**Geruch:** Riecht nach frisch gesägtem Holz.
**Geschmack:** Angenehm würzig.
**Standort und Vorkommen:** Auf gedüngten Wiesen, Pferdewiesen, Kuhweiden, Mai bis Oktober.
**Bemerkungen:** Eßbar, guter Speisepilz.
**Verwechslungsmöglichkeiten:** Giftchampignon (in der Knolle gelb anlaufend), Knollenblätterpilze, Riesenrötling, Ziegelroter Faserkopf.

## Waldchampignon

*Agaricus silvaticus Secr.*

**Wichtigste Kennzeichen:**
Schuppige Hüte, rötendes Fleisch, weißbleibende Knolle.

**Hut:** 4–10 cm Durchmesser, schmutzig-zimtbraun, blaß-umbrafarben, kurzfaserig-schuppig, verhältnismäßig dünnfleischig.
**Lamellen:** In der Jugend lachsrosa oder blaß-graurötlich, zuletzt dunkel-schokoladebraun.
**Stiel:** Glatt und kahl, schlank und verhältnismäßig dünn, am Grunde in der Regel verdickt und mit weißen Pilzfäden überzogen, oben mit einem breiten, abstehenden Ring. Verletzte Stellen an Hut, Ring und Blättern färben sich lebhaft rot und werden dann braun.
**Fleisch:** Weiß, an der Schnittfläche lebhaft rot anlaufend (gutes Erkennungsmerkmal).
**Geruch:** Wie eine ausgelöschte Wachskerze.
**Geschmack:** Angenehm.
**Standort und Vorkommen:** Fichtenwälder, vor allem Kalkböden, Sommer und Herbst.
**Bemerkungen:** Guter Speisepilz, aber wenig ergiebig.
**Verwechslungsmöglichkeiten:** Perlhuhnegerling (in der Stielknolle chromgelb anlaufend).

## Großer Waldchampignon

*Agaricus haemorrhoidarius*
*Kchbr. & Schulz.*

**Wichtigste Kennzeichen:**
Dunkelbraunschuppiger Blätterpilz, dessen Fleisch sich beim Anbrechen rosa verfärbt.

**Hut:** Erst stark, später weniger gewölbt, nuß- bis umbrabraun-geschuppt, etwas faserig, 9–12 cm breit.
**Lamellen:** An der Schneide weißflockig, frei, erst blaß, dann lilarosa bis rosabräunlich und zuletzt braun bis schwarzbraun.
**Stiel:** Fast zylindrisch, aber mit knolliger Basis, 5–13 cm lang.
**Geruch und Geschmack:** Unbedeutend.
**Standort und Vorkommen:** In kleinen Gruppen im Wald zerstreut.
**Bemerkungen:** Guter Champignon, der wie alle anderen genießbaren Egerlinge jedoch nur so lange genommen werden sollte, so lange die Lamellen noch nicht dunkelbraun sind.
**Verwechslungsmöglichkeiten:** Perlhuhnegerling (kleiner, wird in der Knolle beim Durchschneiden chromgelb).

## Schopftintling *Coprinus comatus (Fr.) Gray*

**Wichtigste Kennzeichen:**
Beweglicher Ring im unteren Stieldrittel.
Hut walzenförmig, Lamellen lösen sich später zu schwarzem Saft auf.

**Hut:** Hut bis 15 cm hoch, walzenförmig nie ausgebreitet, später glokkig mit abstehenden dichten Schuppen, weiß, am Scheitel ockergelb.
**Lamellen:** Dünn, weiß, vom Rand aus rosafarbig-bräunlichschwarz, tintenartig zerfließend.
**Stiel:** Bis 20 cm hoch, hohl, aufwärts schwach verjüngt, Ring beweglich und vergänglich.
**Fleisch:** Weiß, zart.
**Geruch:** Würzig.
**Geschmack:** Mild.
**Standort und Vorkommen:** Gesellig auf gedüngtem Boden, in Gärten, an Wegrändern, auf Schuttplätzen, Juli bis November.
**Bemerkungen:** Ausgezeichneter Speisepilz, nur solange die Blätter reinweiß sind (sie verfärben sich innerhalb kürzester Zeit nach dem Sammeln rosa, in Salzwasser untergetaucht länger haltbar); Reinigen und Entfernung der Schuppen, ohne zu waschen, fein schneiden und in Butter und Zwiebeln schmoren. Schmeckt wie Spargelgemüse, daher Spargelpilz. Empfehlenswert für Diabetiker wegen seiner zuckersenkenden Wirkung.

## Grauer Faltentintling *Coprinus atramentarius Fr.*

**Wichtigste Kennzeichen:**
Graubräunlicher Hut,
Lamellenschneiden jung weißbereift.

**Hut:** Bis 8 cm hoch, glockig gefurcht, grau, Scheitel bräunlich geschuppt, Rand im Alter stark zerschlitzt.
**Lamellen:** Dichtstehend, weißgrau, schließlich in tintenartige Flüssigkeit auflösend.
**Stiel:** Bis 15 cm hoch, hohl, weißfaserig.
**Fleisch:** Weiß, mild.
**Geruch:** Schwach, angenehm.
**Geschmack:** Mild.
**Standort und Vorkommen:** Büschelig auf fettem Boden, auf Wiesen, in Gärten, an Wegrändern, doch nicht unmittelbar auf Mist.
**Bemerkungen:** Vor, während und nach Gerichten mit Faltentintlingen dürfen keine alkoholischen Getränke genossen werden, da sonst Vergiftungen eintreten können: Herzklopfen, Rötung der Gesichtshaut etc. (darum heißt er auch Antialkoholikerpilz). Nur jung genießbar!
**Verwechslungsmöglichkeit:** Ähnlich dem Glimmertintling, Coprinus micaceus (Bull. ex Fr.) Fr. nur etwas kleiner, jung mit glimmerigen Körnchen auf dem Hut. Im Alter genau wie Faltentintling, dessen Standort er teilt. Jung eßbar. Der Glimmertintling ist ebenfalls ein Antialkoholikerpilz!

## Gesäter Tintling *Coprinus disseminatus (Fr.) S. F. Gray*

**Wichtigste Kennzeichen:**
Zu Hunderten an Stümpfen wachsender, kleiner, gräulicher Pilz.

**Hut:** Erst gelblich-ockerfarben, dann grau, faltig-gerieft, glockig, 1–2 cm breit.
**Lamellen:** Gelblich, später gräulich und zuletzt schwarz.
**Stiel:** Gräulich bis ocker-grau, dünn, verbogen, 3–4 cm lang und 1–3 mm dick.
**Fleisch:** Blaß, geruch- und geschmacklos.
**Standort und Vorkommen:** April bis Oktober zu Hunderten an der Basis von Bäumen oder an Baumstümpfen.
**Bemerkung:** Ungenießbar.

## Grünspanträuschling

*Stropharia aeruginosa (Fr.) Quél.*

**Wichtigste Kennzeichen:**
Grünspanfarbener Pilz
mit schmierigen Hüten und
einem kleinen vergänglichen Ring am Stiel.

**Hut:** Blaugrün bis grünspanfarben, alt auch etwas heller, mit schleimiger, später trocknender Masse bedeckt, in der kleine weißliche Flöckchen schwimmen, gewölbt, 3–8 cm breit.
**Lamellen:** Erst grünlichgrau, dann violettgrau.
**Stiel:** Graugrün bis grünspanfarben, mit weißen Flöckchen besetzt, jung etwas schmierig, 3–6 cm lang und 3–5 mm dick.
**Fleisch:** Schmutzigweiß bis bräunlichblaß, mild, geruchlos.
**Standort und Vorkommen:** Im Herbst in Nadel- und Laubwäldern.
**Bemerkungen:** Eßbar; schmierige Schicht abziehen.
**Verwechslungsmöglichkeiten:** Wenn man auf die schleimigen Hüte, das allerdings vergängliche Ringchen und die Farbe achtet, keine.

## Rauchblättriger Schwefelkopf

*Hypholoma capnoides (Fr.) Kummer*

**Wichtigste Kennzeichen:**
Lamellen grau, nicht grün.
Büschelig. Geschmack mild.

**Hut:** Honiggelb mit bräunlicher Mitte.
**Lamellen:** Meist graugelblich, später rauchgrau bis violettgrau (nie mit grünem Ton!).
**Stiel:** Farbe wie Hut, an der Basis rostbräunlich, meist gekrümmt, immer hohl.
**Fleisch:** Gelblichweiß, an der Stielbasis rostbraun.
**Geruch und Geschmack:** Mild, an rohe Erbsen erinnernd.
**Standort und Vorkommen:** Auf Fichtenstümpfen, Frühjahr bis Herbst, büschelförmig.
**Bemerkungen:** Eßbar, guter Mischpilz.

## Ziegelroter Schwefelkopf

*Hypholoma sublateritium (Fr.) Quél.*

**Wichtigste Kennzeichen:**
Ziegelrötliche Hüte,
keine grünen Lamellen.

**Hut:** Ziegelrot, in der Mitte rötlichbraun, jung durch einen gelblichweißen, gewebeartigen Schleier mit dem Stiel verbunden.
**Lamellen:** Erst gelblich, später olivgrau bis bräunlich (nie grünlich!), gedrängt, ausgebuchtet, angewachsen, an der Schneide blaßflockig.
**Stiel:** Oben gelb, unten braun, meist gekrümmt, mit ringartig faserigen Schleierresten, die ziemlich hoch sitzen.
**Fleisch:** Blaßrötlichgelb.
**Geruch und Geschmack:** Ohne Geruch, schwach bitter.
**Standort und Vorkommen:** In großen Büscheln an und neben morschen Stümpfen von Laubhölzern, September bis Dezember.
**Bemerkungen:** Nach Abziehen der Haut und Abkochen (Kochwasser weggießen) ist er als guter Mischpilz verwendbar. Vor dem ersten Frost gewachsene Exemplare sind häufig ± bitter.

## Grünblättriger Schwefelkopf

*Hypholoma fasciculare (Fr.) Kummer*

**Wichtigste Kennzeichen:**
Lamellen schwefelgelb, später grünlich bis oliv.
Geschmack bitter, kein Ring am Stiel.

**Hut:** 5–7 cm, schwefelgelb, in der Mitte orangefuchsig, anfangs halbkugelig, später ausgebreitet mit stumpfem Buckel.
**Lamellen:** Zuerst schwefelgelb, später olivgrün bis olivbräunlich, stehen dicht gedrängt.
**Stiel:** Schwefelgelb, später rostbräunlich gefasert, oben mit ringähnlichen Schleierresten.
**Fleisch:** Gelb.
**Geruch:** Unangenehm.
**Geschmack:** Bitter.
**Standort und Vorkommen:** An alten Baumstümpfen und Wurzeln, sehr zahlreich, Mai bis Spätherbst.
**Bemerkung:** Ungenießbar.

## Sparriger Schüppling *Pholiota squarrosa (Fr.) Kummer*

**Wichtigste Kennzeichen:**
In allen Teilen gelber bis orangebräunlicher Pilz mit starken Schuppen an Hut und Stiel.

**Hut:** Auf strohgelbem Grund mit zahlreichen abstehenden, rostbraunen Schuppen, gewölbt, 5–12 cm breit.
**Lamellen:** Blaßgelb, später rostbraun.
**Stiel:** Wie der Hut stark schuppig, etwas zäh, 6–12 cm lang und 3–10 mm dick.
**Fleisch:** Blaß, mit rettichartigem Geruch und Geschmack.
**Standort und Vorkommen:** Büschelig an Laub- und Nadelholz, mit Vorliebe auch am Grunde alter Obstbäume.
**Bemerkung:** Ungenießbar.
**Verwechslungsmöglichkeiten:** Der Hallimasch hat braune Farben und fast weiße Lamellen. Der Feuerschüppling ist in allen Teilen lebhaft gelb gefärbt.

## Feuerschüppling

*Pholiota flammans (Fr.) Kummer.*

**Wichtigste Kennzeichen:**
Pilz mit lebhaft gelbschuppigem Hut und Stiel.

**Hut:** Zitronen- oder schwefelgelb mit ebensolchen Schüppchen, trocken, etwas gewölbt, 3–6 cm breit.
**Lamellen:** Erst blaß, dann rostgelb.
**Stiel:** Schlank, gelbschuppig, etwas beringt, 4–7 cm lang und 4–10 mm dick, nicht schmierig.
**Fleisch:** Blaßgelb, mild bis schwach sauer, fast geruchlos.
**Standort und Vorkommen:** Im Sommer und Herbst auf Nadelholzstümpfen.
**Bemerkungen:** Ungenießbar. Der entfernt ähnliche Hallimasch besitzt braune Hüte und braune Stiele. Der ebenfalls ähnliche Sparrige Schüppling ist orangebräunlich gefärbt.

## Stockschwämmchen

*Kuehneromyces mutabilis (Fr.) Sing & Smith*

**Wichtigste Kennzeichen:**
Bräunlich, Lamellen blaßbraun,
Stiel mit kleinem Ring, Hut glatt.

**Hut:** 3–8 cm Durchmesser, hygrophan, feuchtwässerig, zimtbraun, trocken honigockergelb, jeweils mit dunklerer Mitte und Randzone.
**Lamellen:** Hellbraun, später rostbräunlich, dünn, dichtgedrängt.
**Stiel:** Bis zum aufsteigenden Ring sparrig-schuppig, rostbraun.
**Fleisch:** Blaßbräunlich, am Stiel dunkler.
**Geruch:** Angenehm, nach frisch gesägtem Holz.
**Geschmack:** Mild.
**Standort und Vorkommen:** Auf Laubholzstrünken in Büscheln, Mai bis November.
**Bemerkungen:** Hervorragender Suppenpilz, Stiele nicht verwendbar.
**Verwechslungsmöglichkeiten:** Schwefelköpfe, Hallimasch (siehe dort!).

## Reifpilz

*Rozites caperata (Fr.) Karst.*

**Wichtigste Kennzeichen:**
Bereifter, orangebräunlicher Hut,
Stiel mit deutlichem Ring,
Lamellen ockerbräunlich bis ockergräulich.

**Hut:** Jung, kugelig, später ausgebreitet, feinmehlig bereifte Mitte.
**Lamellen:** Tonblaß bis ockerbräunlich, gekerbte Schneide.
**Stiel:** Weißlich, später gelblich, mit etwas verdickter Basis, mit wulstartig gerilltem, zerfetztem, schmalem Ring.
**Fleisch:** Weiß, unter der Huthaut ockerbräunlich.
**Geruch und Geschmack:** Fast geruchlos, schmeckt mild.
**Standort:** Nadelwald zwischen Heidelbeeren, aber auch im Laubwald.
**Bemerkung:** Guter Speisepilz.
**Verwechslungsmöglichkeiten:** Ähnlich dem Bereiften Klumpfuß (Phlegmacium multiforme [Fr.] Ricken). Eine Verwechslung ist ungefährlich, da er nicht giftig ist. Man hüte sich aber vor Verwechslungen mit Rißpilzen und Schleierlingen!

## Rettichfälbling

*Hebeloma sinapizans (Paul. ex Fr.) Gill.*

**Wichtigste Kennzeichen:**
Bräunlicher Pilz mit schuppigem Stiel und starkem Rettichgeruch.

**Hut:** Erst gewölbt, dann fast flach, ocker bis rostgelb oder bräunlich, etwas schmierig, 8–12 cm breit.
**Lamellen:** Erst blaß milchkaffeebraun, dann zimtbraun, Schneiden öfter weißflockig.
**Geruch:** Stark rettichartig.
**Stiel:** Fest, kräftig, bis 10 cm lang und bis 2,5 cm dick, schuppig.
**Standort und Vorkommen:** Ziemlich häufig, im Laub- und Nadelwald.
**Bemerkungen:** Der Pilz ist ungenießbar, wird von einigen Forschern sogar für leicht giftig gehalten.
Es gibt zahlreiche ähnliche Pilze, welchen jedoch der Rettichgeruch fehlt.

## Semmelbrauner Schleimkopf

*Cortinarius varius Fr.*

**Wichtigste Kennzeichen:**
Die Vertreter der Gattung Cortinarius sind zum größten Teil sehr schwer auseinanderzuhalten. Man sollte die hierhergehörenden Speisepilze erst nach gründlicher Kenntnis verwenden!

**Hut:** Gewölbt, später flacher, semmelbraun bis ziegelbräunlich, nicht schleimig, 4–10 cm breit.
**Lamellen:** Zart bis satt lila bis blauviolett, später mit braunen Tönen.
**Stiel:** Keulig, alt gestreckt, weißlich, jung bisweilen etwas zottig, bald jedoch glatt, 5–11 cm lang und unten bis 1,5 cm dick.
**Fleisch:** Weiß.
**Geruch und Geschmack:** Unbedeutend, mild schmeckend.
**Standort und Vorkommen:** Gesellig in Nadelwäldern wachsend. Liebt Kalkboden.
**Bemerkungen:** Schmackhafter Speisepilz, da er zudem zu den leichter erkennbaren Cortinarien gehört und oft in Massen auftritt wird er viel gesammelt.

## Liladickfuß

*Cortinarius traganus Fr.*

**Wichtigste Kennzeichen:**
Unangenehmer Geruch,
Fasern vom Hutrand zum Stiel,
braunrote bis braune Lamellen.

**Hut:** 5–13 cm Durchmesser, lila bis blaßviolett, später rostbraun, feinfaserig, seidenartig glänzend, rissig. Halbkugelig, danach verflacht, Rand eingebogen, zuletzt eingerissen.
**Lamellen:** Braunrot bis braun.
**Stiel:** Zwiebelig knollig, jung violett, später verblassend.
**Fleisch:** Gelbbraun.
**Geruch:** Unangenehm nach Azetylen (Karbid).
**Geschmack:** Keine Kostprobe! Erregt Erbrechen.
**Standort und Vorkommen:** Nadelwälder und Laubwald, Juli bis November.
**Bemerkungen:** Ungenießbar, schwach giftig.

## Schild- oder Frühlingsrötling

*Entoloma clypeatum (L. ex Fr.) Quel.*

**Wichtigste Kennzeichen:**
Ehe man Rötlinge zu Speisezwecken sammelt, sollte man sich eine gründliche Kenntnis der einzelnen Arten verschaffen, da es zahlreiche Arten gibt, die sich ähneln und giftig sind!

**Hut:** gewölbt, am Rand etwas lappig, in der Mitte gebuckelt, grau bis graubräunlich, oft dunkler fleckig oder gestreift, hygrophan, 5–8 cm breit, bisweilen noch breiter.
**Lamellen:** Ausgebuchtet-angewachsen, erst blaß, später rosa bis rosa-graulich.
**Stiel:** Graulich, zylindrisch, bisweilen etwas verbogen, 5–10 cm lang.
**Geruch und Geschmack:** Unauffällig, Geruch meist etwas mehlartig.
**Standort und Vorkommen:** Gesellig und oft büschelig in Obstgärten, an Wegrändern, aber nur selten im Wald.
**Bemerkungen:** Eßbar. Verwechslungen mit ähnlichen, giftigen Rötlingen ist leicht möglich! Rötlinge kann man sicher nur mit dem Mikroskop unterscheiden!

## Buchen-Schleimrübling

*Oudemansiella mucida (Schrad. ex Fr.) v. Hoehn.*

**Wichtigste Kennzeichen:**
Schneeweißer, stark schleimiger Pilz, der auf Holz wächst und beringte Stiele besitzt.

**Hut:** Etwas runzelig, gewölbt, schleimig, am Rande durchscheinend gerieft, reinweiß, höchstens im Alter etwas gelblich, 3–8 cm breit.
**Lamellen:** Entferntstehend, ausgebuchtet bis schwach herablaufend.
**Stiel:** Ebenfalls schleimig, weiß, mit deutlichem Ring, öfter verbogen, schlank, bis 8 cm lang.
**Geruch und Geschmack:** Unbedeutend.
**Standort und Vorkommen:** An abgefallenen Ästen, auf toten Stämmen, aber auch an lebenden, kranken Buchen und Eichen gesellig.
**Bemerkungen:** Eßbar, doch sollte man die unteren Teile der Stiele abschneiden und auch die Schleimschicht beseitigen.

## Winterrübling oder Samtfußrübling *Flammulina velutipes (Curt. ex Fr.) Singer*

**Wichtigste Kennzeichen:**
Wächst im Winter.
Hut honiggelb, Stiel dunkelsamtig.

**Hut:** Honiggelb, in der Mitte rostgelb, dünnfleischig, erst gewölbt, später verflacht.
**Lamellen:** Gelblich, am Stiel angewachsen, breit.
**Stiel:** An der Spitze gelblich, gerieft, sonst braunschwarz, an der Basis verschmälert.
**Fleisch:** Gelb.
**Geruch:** Schwach laugenartig.
**Geschmack:** Gekocht angenehm würzig.
**Standort und Vorkommen:** An lebenden und abgestorbenen Laubbäumen vom Herbst bis zum Frühjahr. Erscheint, wie auf folgendem Bild ersichtlich, noch nach starken Schneefällen.
**Bemerkungen:** Liefert im Winter wohlschmeckende Pilzgerichte.
**Verwechslungsmöglichkeiten:** Zu dieser Jahreszeit gibt es keine ähnlichen Pilze.

**Winterrübling im Schnee** Beschreibung Seite 73

**Rauchblättriger Schwefelkopf im Schnee**
Beschreibung Seite 61

## Butterrübling

*Collybia butyracea (Bull. ex Fr.) Quel.*

**Wichtigste Kennzeichen:**
In 2 Farbvarianten auftretender, kleiner Blätterpilz mit geschwollener Stielbasis und leicht gekerbter Lamellenschneide.

**Hut:** Hygrophan, gewölbt bis verbogen, glatt, entweder rotbraun bis gelbbraun oder aber (Varietät asema) grau, 3–8 cm breit.
**Lamellen:** Dichtstehend, fast weiß, älter mit leicht gelblichem oder auch graulichem Schimmer, an der Schneide leicht gekerbt.
**Stiel:** Knorpelig, längsfaserig, an der Basis meist geschwollen, rotbräunlich bzw. blaßgrau bis dunkelbraungrau, 5–8 cm lang, an der Basis bis 1,5 cm dick.
**Geruch:** Unbedeutend.
**Geschmack:** Etwas mehlig-seifig oder wässerig.
**Standort und Vorkommen:** Gesellig im Laub- und Nadelwald. Häufig vorkommend.
**Bemerkungen:** Eßbarer, aber wenig ergiebiger und auch nicht besonders schmackhafter Pilz.
**Verwechslungsmöglichkeiten:** Es gibt mehrere ähnliche Rüblinge, aber auch kleine Rötlinge können eine gewisse Ähnlichkeit haben. Eine Varietät ist der Horngraue Rübling, ebenfalls eßbar.

## Fichtenzapfenrübling

*Strobilurus esculentus*
*(Wulf. ex Fr.) Sing.*

**Wichtigste Kennzeichen:**
Kleiner, auf abgefallenen Fichtenzapfen wachsender Blätterpilz.

**Hut:** Mehr oder weniger gewölbt, kahl, matt, meist umbrabraun, kann aber auch graugetönt oder schokoladenbraun gefärbt sein, 1–2,5 cm breit.
**Lamellen:** Ausgebuchtet-angewachsen, weiß bis graulich.
**Stiel:** Knorpelig-dünn, ockerlich bis gelbbraun, selten dunkler, 2–5 cm lang, oft liegend, dünn, an der Basis mit weißem bis ockerlichem Filz.
**Geruch und Geschmack:** Unbedeutend, Geschmack etwas wäßrig.
**Standort und Vorkommen:** Schon im Vorfrühling, oft massenhaft auf abgefallenen Fichtenzapfen im feuchten Boden.
**Bemerkungen:** Eßbarer und guter, wegen seiner kleinen Gestalt aber wenig ergiebiger Pilz.
**Verwechslungsmöglichkeiten:** Wenn man auf den Standort achtet, keine.

## Rettichhelmling

*Mycena pura (Pers. ex Fr.) Kummer*

**Wichtigste Kennzeichen:**
Rosa bis blaßvioletter, kleiner,
stark nach Rettich riechender Blätterpilz.

**Hut:** Ziemlich dünn, gewölbt bis flach-verbogen, alt auch niedergedrückt, oft gestreift, hygrophan, 2–5 cm breit, rosa bis blaßlila.
**Lamellen:** Blaß, seltener rosalich, bläulichgetönt oder blaßlila.
**Stiel:** Wässrig-blaß, öfter verbogen oder geknickt, dünn, durchsichtig-wässrig bis zäh, blaßrosa bis blaßlila, 2–5 cm lang.
**Fleisch:** Stark nach Rettich riechend.
**Standort und Vorkommen:** In Laub- und Nadelwäldern, einzeln oder in kleinen Gruppen. Häufig im Sommer und Herbst.
**Bemerkungen:** Als Mischpilz zu verwenden, sollte aber nach neueren Erkenntnissen nur in kleinen Mengen genommen werden.
**Verwechslungsmöglichkeiten:** Keine, wenn man auf den Geruch und die blassen Lamellen achtet.

## Rötlicher Holzritterling

*Tricholomopsis rutilans (Schff. ex Fr.) Sing.*

**Wichtigste Kennzeichen:**
Auf Stümpfen wachsender, leuchtend gefärbter Blätterpilz.

**Hut:** Gelb mit feinen purpurfarbenen Schuppen besetzt, alt etwas blasser, selten jedoch ganz gelb, gewölbt, später flacher, 4–10 cm breit.
**Lamellen:** Ausgebuchtet-angewachsen, gelb, alt mehr goldgelb.
**Stiel:** Zylindrisch, filzig, alt fast hohl, sonst fest und gelbfleischig, 4–10 cm lang und bis 1,5 cm dick.
**Geruch:** Etwas erdig.
**Geschmack:** Unauffällig, wässerig.
**Fleisch:** Gelbfarben, mildschmeckend.
**Standort und Vorkommen:** Auf Nadelholzstrünken, auch auf Wurzeln, gesellig bis einzeln. Häufig.
**Bemerkungen:** Jung genießbar, aber nicht sehr schmackhaft.
**Verwechslungsmöglichkeiten:** Keine, wenn man auf Standort und Farben achtet.

## Rötender Erdritterling

*Trichol. orirubens Quél.*

**Wichtigste Kennzeichen:**
Grauhütiger Ritterling mit langsam rötendem Fleisch und alt rötlichen Lamellen.

**Hut:** Grau, schwärzlich, mit dunkleren Fasern und Schüppchen, gewölbt, alt flach, 5–8 cm breit.
**Lamellen:** Weiß, alt schön rosa, ausgebuchtet.
**Stiel:** Weiß, bisweilen etwas gräulich, älter mit rötlichen Flecken, gleichdick oder etwas erweitert, alt hohl, 4–8 cm lang und 3–10 mm dick.
**Fleisch:** Wird nach einiger Zeit rot, sonst ist es weiß.
**Geruch und Geschmack:** Unauffällig.
**Standort und Vorkommen:** Meistens im Laubwald von August bis Oktober, gesellig.
**Bemerkung:** Eßbar als Mischpilz.
**Verwechslungsmöglichkeiten:** Seifenritterling ungenießbar und Tigerritterling giftig (siehe dort!). Man achte auf das Röten!

## Grünling

*Tricholoma flavovirens (Fr.) Lund.*

**Wichtigste Kennzeichen:**
Mehlgeruch.
Keine Knolle, kein Ring am Stiel.
Mild. Bei Kiefern (Föhren) wachsend.

**Hut:** Olivgelb bis olivgrün mit braunfuchsigem Scheitel.
**Lamellen:** Schwefelgelb, selten gedrängt, ausgebuchtet.
**Stiel:** Wie Hut, bis 6 cm hoch, meist schlank.
**Fleisch:** Weiß bis gelblich, unter der Huthaut gelb.
**Geruch:** Schwach mehlartig.
**Geschmack:** mild.
**Standort und Vorkommen:** Nadelwald (Föhren), Sandboden, Herbst.
**Bemerkung:** Schmackhafter Speisepilz.
**Verwechslungsmöglichkeiten:** Schwefelritterling, ungenießbar, Bitterer Ritterling, weniger bittere Exemplare eßbar.

## Maipilz oder Mairitterling *Calocybe gambosa (Fr.) Donk*

**Wichtigste Kennzeichen:**
Unveränderlich weiß bis cremefarben
in allen Teilen.
Hut nicht aufreißend.

**Hut:** 6–10 cm Durchmesser, weißlich, in der Mitte schwach schmutziggelblich, glanzlos, kahl und glatt, in der Jugend eingerollter Rand.
**Lamellen:** Weißlich bis rahmfarbig, dichtstehend, am Stiel zahnartig ausgebuchtet.
**Stiel:** Ziemlich dick und fleischig, 4–9 cm lang.
**Fleisch:** Weiß.
**Geruch:** Stark nach frischem Mehl.
**Geschmack:** Angenehm.
**Standort und Vorkommen:** Wiesen, Wald, Mai bis Juni.
**Bemerkungen:** Sehr guter Speisepilz. Empfehlenswert für Diabetiker wegen seiner zuckersenkenden Wirkung.
**Verwechslungsmöglichkeiten:** Ziegelroter Rißpilz (sehr giftig!), Quelets Rißpilz.

## Violetter Rötelritterling

*Lepista nuda (Bull. ex Fr.) Cke.*
*Rhodopascillus nudus*

**Wichtigste Kennzeichen:**
In allen Teilen
blaßvioletter Pilz des Herbstes
mit meist etwas parfümartigem Geruch.

**Hut:** Violett bis blaßlila, bisweilen auch bräunlich, gewölbt, später bisweilen etwas verbogen, 5–15 cm breit.
**Lamellen:** Blaß lila, jung auch stärker lila, ausgebuchtet-angewachsen.
**Stiel:** Lila, meist längsfaserig, zylindrisch oder abwärts keulig-verdickt, 4–10 cm lang und bis zu 1,5 cm dick.
**Geruch:** Meist etwas parfümartig.
**Geschmack:** Unauffällig.
**Fleisch:** Violett, alt blaßviolett.
**Standort und Vorkommen:** Meist erst im Herbst bis in den Winter hinein, im Laub- und Nadelwald, gesellig und häufig.
**Bemerkungen:** Jung als Mischpilz gut zu verwendender Pilz, der vor allem zusammen mit Herbsttrompeten ein gutes Pilzgericht ergibt. Abkochen wird angeraten, da roh schwach giftig!
**Verwechslungsmöglichkeiten:** Liladickfuß.

## Maskenritterling oder Lilastiel

*Lepista personata (Fr.) Cooke*

**Wichtigste Kennzeichen:**
Violetter Stiel,
weiße bis blasse Lamellen.

**Hut:** Blaßbräunlich (nicht violett).
**Lamellen:** Blaßgrau bis blaßlila, gedrängt, frei.
**Stiel:** Kräftig lilaviolett.
**Fleisch:** Weißlich.
**Geruch und Geschmack:** Angenehm.
**Standort und Vorkommen:** Auf feuchten Wiesen in Reihen oder Hexenringen, Oktober bis November.
**Bemerkung:** Ein ausgiebiger, guter Speisepilz.
**Lepista personata** ist empfehlenswert für Diabetiker wegen seiner zuckersenkenden Wirkung.
**Verwechslungsmöglichkeit:** Liladickfuß, ähnlich ist der ebenfalls eßbare, violette Rötelritterling (alle Teile lila, Fleisch blaß, angenehmer Geruch).

## Hallimasch

*Armillariella mellea (Fr.) Karst.*

**Wichtigste Kennzeichen:**
Stiele mit Ring,
büschelig, honiggelb bis braun.

**Hut:** Honiggelb bis braun, in der Mitte etwas dunkler, mit dunkleren Schüppchen besetzt, Rand in der Jugend eingerollt, später halbkugelig und flach, Rand im Alter etwas gestreift, nicht besonders fleischig.
**Lamellen:** In der Jugend weißlich, später bräunlich und schließlich braunfleckig, am Stiel angewachsen, teilweise herablaufend, ziemlich weitstehend.
**Stiel:** Voll, faserig-zäh, mit weißlich-flockigem Ring versehen, manchmal längsstreifig oder schuppig, rötlich braun, unten dunkler, oft gekrümmt.
**Fleisch:** Weißlichbräunlich, nicht besonders dick.
**Geruch:** Schwach laugenartig.
**Geschmack:** Nach längerem Kauen kratzend im Hals, zusammenziehend wie essigsaure Tonerde beim Gurgeln.
**Standort und Vorkommen:** An alten Stöcken, aber auch an lebenden Bäumen und Wurzeln, in großen Mengen büschelig, August bis Frosteintritt.
**Bemerkungen:** Roh giftig. Ohne Stiele nach Abkochen als Mischpilz eßbar (Kochwasser weggießen). Schwer verdaulich. Guter Aromapilz. Der Hallimasch erscheint nicht jedes Jahr. Er ist ein schwerer Forstschädling.

## Nebelgrauer Trichterling *Clitocybe nebularis (Fr.) Kummer*

**Wichtigste Kennzeichen:**
Herablaufende, ablösbare,
weißliche Lamellen;
Stiel abwärts dicker.

**Hut:** Aschgrau, nebelgrau, bereift, flachgewölbt bis trichterförmig, Rand bei jungen Pilzen wellig verbogen, dickfleischig, bis 18 cm breit.
**Lamellen:** Weiß bis blaßgelblich, graublaß, sehr engstehend, etwas herablaufend.
**Stiel:** Bis 10 cm hoch, unten verdickt, weiß bis blaßgrau, vollfleischig, weißfilzig (an der Basis).
**Fleisch:** Jung weiß und fest, später weich.
**Geruch:** Süßlich, gebäckähnlich.
**Geschmack:** Mild.
**Standort und Vorkommen:** Laubwald (auf Fallaub), Nadelwald, lichte Stellen, Waldrand, Spätherbst ab September, meist in großen Mengen.
**Bemerkungen:** Bedingt genießbar, gilt bei manchen Pilzwissenschaftlern als giftverdächtig. Wenn überhaupt, dann nur die Köpfe der jungen Pilze verwenden. Kochwasser fortschütten. Nur Mischpilz. »Wächst gern in Hexenringen«.
**Verwechslungsmöglichkeit:** Riesenrötling (siehe dort!).

## Kaffeebrauner Trichterling

*Pseudoclitocybe cyathiformis (Bull. ex Fr.) Sing.*

**Wichtigste Kennzeichen:**
Trichterförmiger,
sehr dunkler Pilz.

**Hut:** Schon jung trichterig, mit anfangs etwas umgerolltem Rand, umbra- bis schwarzbraun, selten heller, 4–7 cm breit.
**Lamellen:** Am Stiel herablaufend, fast so dunkel wie der Hut.
**Stiel:** Zylindrisch bis etwas verjüngt, schon früh hohl, außen etwas faserig, 5–8 cm lang und 3–5 mm dick.
**Geruch und Geschmack:** Unauffällig (bei der Varietät obbata mit Blausäuregeruch).
**Standort und Vorkommen:** Im Herbst und Spätherbst gesellig im Nadelwald, auf Triften und an grasigen Wegrändern.
**Bemerkungen:** Genießbar, aber etwas zäh.

## Rötlicher Lacktrichterling

*Laccaria laccata*
*(Scop.) Bk. et Br.*

**Wichtigste Kennzeichen:**
Langstieliger, rosa Pilz
mit kleinem Hut
und sehr weit entfernten Lamellen.

**Hut:** Blaß, weißlich bis fleischrosa, bei einer Abart, dem Amethystblauen Lacktrichterling, aber auch schön violett, gewölbt, in der Mitte genabelt, 1–3 cm breit.
**Lamellen:** Stehen weit entfernt und sind rosabräunlich oder violett beim Amethystblauen Lacktrichterling. Sie laufen am Stiel herab.
**Stiel:** Lang und dünn, hohl, 4–10 cm lang und 2–4 mm dick.
**Fleisch:** Blasser als der Hut, im Stiel dunkler, geruch- und geschmacklos.
**Standort und Vorkommen:** Gesellig, oft massenhaft im Gras, an Waldwegen oder an lehmigen Stellen des Waldes.
**Bemerkungen:** Beide Arten, der Rötliche- und der Amethystblaue Lacktrichterling sind eßbar und schmackhaft.
**Verwechslungsmöglichkeiten:** Keine, wenn man auf die angegebenen Merkmale achtet.

## Wasserfleckiger Trichterling *Clitocybe gilva (Fr.) Kummer*

**Wichtigste Kennzeichen:**
Blasser Hut mit kleinen tröpfchenartigen Flecken; Lamellen herablaufend.

**Hut:** Ocker bis fuchsbraun, meist gefleckt, gelegentlich auch nur gelblich, gewölbt und auch im Alter kaum trichterförmig, 4–8 cm breit.
**Lamellen:** Blaß, erst weiß, dann gelblich, herablaufend.
**Stiel:** Ocker bis gelbbräunlich, etwas weich, faserig-zäh, oft abwärts etwas verdickt, 3–8 cm lang und 3–8 mm dick.
**Fleisch:** Weißlich, etwas zäh, riecht etwas nach Sägespänen und schmeckt mild bis leicht säuerlich.
**Standort und Vorkommen:** Im Sommer und Herbst im Nadelwald, bisweilen auch im Laubwald, gesellig.
**Bemerkung:** Der Pilz ist höchstens als Mischpilz zu verwenden, da er beim Kochen zäh wird.

## Austernseitling

*Pleurotus ostreatus (Jacq. ex Fr.) Kummer*

**Wichtigste Kennzeichen:**
Im Winter dachziegelig an Bäumen und Sümpfen wachsender grauhütiger Pilz.

**Hut:** Gewölbt, zungen- bis muschelförmig, alt am Ansatzpunkt niedergedrückt, grau, graubräunlich, schwärzlicholiv, alt auch fast ockerfarben, fast glatt, seitlich gestielt, 5–15 cm breit.
**Lamellen:** Weiß, älter auch graulich, am Stiel herablaufend.
**Stiel:** Kurz, seitlich am Hut, dick, bis 4 cm lang und bis 2,5 cm dick.
**Fleisch:** Weiß und weich, im Alter zäh werdend.
**Geruch und Geschmack:** Unauffällig, mild.
**Standort und Vorkommen:** Nach den ersten Nachtfrösten und in milden Wintern gesellig auf Laubholzstümpfen oder abgestorbenen Stämmen.
**Bemerkungen:** Jung schmackhafter Speisepilz ohne Verwechslungsgefahr.

## Pfeffermilchling

*Lactarius piperatus Fr.*

**Wichtigste Kennzeichen:**
In allen Teilen weißer Pilz
mit weißen, dichtstehenden Lamellen
und weißlichem, scharfem Milchsaft.

**Hut:** Kahl und glatt, weiß bis gelblichweiß, gewölbt, später trichterartig vertieft, Rand eingerollt, Durchmesser 8–18 cm.
**Lamellen:** Weiß, später ockergelb, sehr dichtstehend, am Stiel herablaufend, zum Teil gegabelt, sehr schmal.
**Stiel:** Fest, derb, weiß, gelblichweiß, zuweilen exzentrisch, kurz, dick, nach unten verjüngt, 3–8 cm hoch.
**Fleisch:** Weiß, brüchig, bei Druck oder Verletzung eine pfefferartig scharfe weiße Milch absondernd, die sich beim Eintrocknen graugrün verfärbt.
**Geruch:** Angenehm.
**Geschmack:** Pfefferartig brennend.
**Standort und Vorkommen:** Laub- und Mischwald, Juni bis September.
**Bemerkung:** Ungenießbar.
**Verwechslungsmöglichkeit:** Wolliger Milchling.

## Birkenreizker

*Lactarius torminosus (Fr.) Gray*

**Wichtigste Kennzeichen:**
Gezonter, flaumiger Hut;
weiße, scharfe Milch.

**Hut:** 5–10 cm breit, rosafleischfarben, durch mehrere dunkle Bänder gezont. Der anfangs eingerollte Rand hat lange fransige Zotten. Der Hut ist fleischig und hat eine vertiefte Mitte.
**Lamellen:** Weißlich oder weißrötlich, leicht herablaufend, bei Druck oder Verletzung unveränderlich.
**Stiel:** Etwas heller als der Hut, glatt, brüchig, hohl, oft grubig gefleckt.
**Fleisch:** Weißlich, am Rande rosa. Beim Anschneiden tritt eine weiße, scharf brennende Milch aus.
**Geruch:** Etwas terpentinartig.
**Geschmack:** Scharf brennend.
**Standort und Vorkommen:** Auf sandigem, trockenem Wald- oder Heideboden, Birkenbegleiter, gesellig, Juli bis Frostbeginn.
**Bemerkungen:** Ähnlich der kleinere, ungezonte, ebenfalls ungenießbare und sehr scharfe Blasse Birkenreizker (Lactarius pubescens Fr.), riecht nach Geranien, Birkenbegleiter.

## Orangeroter Fichtenreizker

*Lactarius salmonicolor*
*Heim & Lecl.*
*(= Lact. subsalmoneus Pouz.)*

**Wichtigste Kennzeichen:**
Orangeroter Pilz mit orange- bis ziegelrotem Saft; keine grünen Flecken an Hut, Lamellen orange, nicht dichtstehend, am Stiel herablaufend, Stiel gleichfarbig etwas grubig, innen hohl.

**Hut:** Orange bis ziegelrot-orange, gezont, in der Mitte meist vertieft, jung mit umgerolltem Hutrand, 5–12 cm breit.
**Lamellen:** Orange, nicht sehr dichtstehend, etwas am Stiel herablaufend.
**Stiel:** Orange, etwas grubig, innen hohl, wie die Lamellen, der Hut sondert bei Bruch einen karotten- bis ziegelroten Saft ab, 4–10 cm lang und ca. 1 cm dick.
**Fleisch:** Blaßorange, fast geruchlos, etwas scharf.
**Standort und Vorkommen:** Meist im Fichtenwald, gesellig im Moos oder an Waldwegen, September bis November.
**Bemerkungen:** Sehr schmackhafter Pilz, der allerdings gebraten und nicht gekocht werden sollte.
**Verwechslungsmöglichkeiten:** Wenn man auf den karottengelben Saft achtet, keine. Es gibt allerdings noch einige ebenfalls eßbare andere Fichtenreizker.

## Rotbrauner Milchling

*Lactarius rufus Fr.*

**Wichtigste Kennzeichen:**
Spitzgebuckelter, dunkel rotbrauner Hut, scharfer, weißer Saft.

**Hut:** Dunkelrotbraun, trocken, Hutrand anfangs eingerollt. In der Mitte des Hutes ein charakteristischer spitzer Buckel, zerbrechlich.
**Lamellen:** Gedrängt, anfangs gelblichweiß, später etwas dunkler, aber heller als die Hutfarbe.
**Stiel:** Fleischrötlich, im Alter hohl.
**Fleisch:** Weißlich bis gelblichbraun, ziemlich dünn, beim Zerbrechen weiße, brennend scharfe Milch absondernd.
**Geruch:** Fast geruchlos, manchmal etwas harzig-holzig.
**Geschmack:** Brennend scharf.
**Vorkommen:** In lichten Nadelwäldern meist herdenweise, Juli bis September.
**Bemerkungen:** Nur nach folgender Zubereitung genießbar: Zerkleinern, über Nacht wässern, Wasser mehrmals abgießen, 20 Minuten abkochen. Ähnlich, aber kleiner und kastanienbraun ist der Orangeblättrige Milchling (Lactarius badiosanguineus Kühn et Rom.). Weiße, nur bittere Milch. Ungenießbar. Kleinere Abart: Kampfermilchling (Lact. camphoratus Fr.). Geruch: Zichorie (Mischpilz).

## Dickblättriger Schwarztäubling oder Kohlentäubling

*Russula nigricans (Bull.) Fr.*

**Wichtigste Kennzeichen:**
Kompakter, blasser Pilz
mit sehr spröden, splitternden Lamellen.
Der Kohlentäubling schwärzt in allen Teilen.

**Hut:** Blaß, bald stellenweise schwärzend, verletzt erst rötend, dann schwärzend, gewölbt vertieft oder verbogen, 6–20 cm breit.
**Lamellen:** Spröde, blaß, dick, weit auseinanderstehend.
**Stiel:** Blaß, schwärzend, fest, 6–12 cm lang und 1–3 cm dick.
**Fleisch:** Blaß, rötet beim Bruch und wird später schwarz.
**Geschmack:** Wenig scharf.
**Standort und Vorkommen:** Im Laubwald von August bis Oktober, häufig.
**Bemerkungen:** Ungenießbar; schwer verdaulich.
**Verwechslungsmöglichkeiten:** Ähnlich sind 3 weitere Kohlentäublinge, die jedoch dünnere und vor allem dichterstehende Lamellen besitzen.

## Frauentäubling

*Russula cyanoxantha Fr.*

**Wichtigste Kennzeichen:**
Täubling mit weichen Lamellen.
Stiel ohne Knolle und ohne Ring.

**Hut:** 5–14 cm Durchmesser, Violett mit Grün vermischt, oft ausgeblaßt, Oberhaut bei feuchtem Wetter glänzend, radialfaserig, Hutrand lange scharf nach unten eingebogen.
**Lamellen:** Reinweiß, sind bei dieser Art weich, splittern also beim Darüberstreichen nicht wie bei allen anderen Täublingen.
**Stiel:** 5–10 cm hoch, weiß, bei älteren Exemplaren im Innern kammerförmige Hohlräume.
**Fleisch:** Weiß, fest.
**Geruch:** Geruchlos.
**Geschmack:** Mild.
**Standort und Vorkommen:** Laubwald, meist unter Buchen auf Kalk, Sommer und Herbst.
**Bemerkungen:** Guter Speisepilz, in jeder Zubereitung schmackhaft.
**Verwechslungsmöglichkeiten:** Ähnlich dem kleineren Graugrünen Täubling (Russula grisea Gill.) mit cremefarbigen Blättern. Eßbar.

## Goldtäubling

*Russula aurata With.*

**Wichtigste Kennzeichen:**
Roter bis goldgelber Pilz
mit spröden, absplitternden Lamellen
und markigem Stiel.

**Hut:** Gewölbt, später flacher und etwas verbogen, lebhaft rot bis goldgelb, unter der Huthaut zitronengelb, 4–7 cm breit.
**Lamellen:** Erst blaß, an den Schneiden zitronengelb, später auch an den Lamellenflächen gelb, brüchig.
**Stiel:** Zylindrisch, chromgelb, innen markig, alt auch schwammig, 4–7 cm lang und 5–14 mm dick.
**Geruch und Geschmack:** Ohne Geruch mit mildem Geschmack.
**Standort und Vorkommen:** Im Nadel- und Laubwald, Sommer und Herbst, verbreitet, aber nicht häufig.
**Bemerkungen:** Eßbar und schmackhaft.
**Verwechslungsmöglichkeiten:** Wenn man auf den roh milden Geschmack achtet, keine.

## Stachelbeertäubling

*Russula queletii Fr.*

**Wichtigste Kennzeichen:**
Weinroter, oft gefleckter Pilz
mit roh brennend scharfem Geschmack
und zartem Geruch nach Stachelbeerkompott.

**Hut:** Erst gewölbt, später verbogen-niedergedrückt, weinrot, aber oft teilweise oder fast gänzlich ausblassend, 4–8 cm breit, am Rand gefurcht. Die Oberhaut ist klebrig.
**Lamellen:** Spröde, lange Zeit weiß, im Alter buttergelb.
**Stiel:** Zylindrisch, purpurn bis blaß weinrot, jung an der Spitze öfter mit feinen Wasserperlen, 3–8 cm lang und bis 1,5 cm dick.
**Geruch:** Nach Stachelbeerkompott.
**Geschmack:** Brennend scharf.
**Standort und Vorkommen:** Im Sommer und Herbst auf Kalk- oder Sandboden. Die Art wächst stets bei Fichten.
**Bemerkungen:** Der Pilz ist ungenießbar.

## Natternstieliger Schneckling

*Hygrophorus olivaceoalbus Fr.*

**Wichtigste Kennzeichen:**
Im Fichtenwald wachsender, langstieliger, schmieriger Pilz mit weißen Lamellen und genattertem Stiel.

**Hut:** Gewölbt, später etwas flacher, graubraun bis rußigbraun, schmierig, 2–6 cm breit.
**Lamellen:** Herablaufend, nicht sehr dichtstehend, weiß.
**Stiel:** Zylindrisch, graubraun genattert, an der Spitze jedoch weiß, schmierig, 5–8 cm lang und 3–6 mm dick.
**Geruch und Geschmack:** Unauffällig.
**Standort und Vorkommen:** Bevorzugt Fichtenwälder im Gebirge. Wächst gesellig im Spätsommer und Herbst.
**Bemerkungen:** Brauchbarer Speisepilz.
**Verwechslungsmöglichkeiten:** Giftige Doppelgänger gibt es keine. Ähnlich ist der ebenfalls auf dem Stiel genatterte Hygr. dichrous, der jedoch im Laubwald wächst. Er ist ebenfalls eßbar.

## Märzschneckling *Hygrophorus marzuolus (Fr.) Bres.*

**Wichtigste Kennzeichen:**
Im Frühjahr, teilweise noch unter dem Schnee wachsender gräulicher Pilz.

**Hut:** Erst blaß, vor allem so lange der Pilz noch mit Blättern und Nadeln bedeckt ist; später grau bis blaugrau oder auch etwas bräunlichgrau, gewölbt bis verbogen, bisweilen etwas schmierig, 4–10 cm breit.
**Lamellen:** Weiß, dicklich, nicht sehr dichtstehend + am Stiel herablaufend.
**Stiel:** Grau bis weißlichfleckig, meist etwas unregelmäßig, verdickt, faserig, 4–8 cm lang und 1–2 cm dick.
**Fleisch:** Weiß, weich, mild und fast geruchlos.
**Standort und Vorkommen:** Von Februar bis Mai im Nadelwald, besonders bei Weißtannen, aber auch unter Laubstreu, gesellig.
**Bemerkungen:** Eßbar und wohlschmeckend.

## **Schwärzender Saftling** *Hygrocybe nigrescens (Quél.) Kühn.*

**Wichtigste Kennzeichen:**
Glasig-brüchiger, leuchtend gefärbter Pilz, der sich an vielen Stellen schwarz färbt.

**Hut:** Stumpf kegelig, später auch etwas ausgebreitet, orange bis rot, 3–6 cm breit.
**Lamellen:** Blaßgelb bis leuchtendgelb, manchmal aber auch nur cremefarben.
**Stiel:** Gelb bis gelborange, faserig, an der Basis heller, etwas brüchig, 4–8 cm lang und 3–6 mm dick.
**Fleisch:** Blaß, bisweilen leicht bitter, geruchlos. Der ganze Pilz schwärzt im Laufe der Zeit oder bei Druck.
**Standort und Vorkommen:** Im Sommer und Herbst an grasigen Plätzen, aber auch in Wäldern an lichten Stellen.
**Bemerkungen:** Eßbar. Es gibt zahlreiche ähnliche Saftlinge, die trotz ihrer Schönheit weniger als Speisepilze in Frage kommen, obwohl sie bis auf einige bittere Arten alle eßbar sind.

## Kuhmaul (Großer Gelbfuß) *Gomphidius glutinosus Fr.*

**Wichtigste Kennzeichen:**
Schleimiger Pilz
mit zitronengelber Stielbasis.

**Hut:** Von einer dicken Schleimschicht überzogen. Der Hut ist bräunlich bis grau, alt, oft dunkelfleckig, erst gewölbt und später flach bis trichterförmig. Im Alter trocknet der Schleim ein. Durchmesser 5–12 cm.
**Lamellen:** Erst weiß, werden aber später schwarz. Sie sind jung von demselben Schleim wie der Hut überzogen und laufen weit am Stiel herab.
**Stiel:** Weiß, an und in der Basis schön chromgelb, alt wird er auch etwas grau, an der Basis ist er zugespitzt.
**Fleisch:** Weiß, nur in der Stielbasis gelb.
**Geruch und Geschmack:** Unauffällig.
**Standort und Vorkommen:** Gesellig in Fichtenwäldern von August bis Anfang November.
**Bemerkungen:** Die Schleimschicht läßt sich mit einem Messer gut abziehen; danach ist das Kuhmaul ein ausgezeichneter Speisepilz. Diese Schleimschicht sollte man schon beim Sammeln abziehen, noch bevor der Pilz in das Körbchen zu den anderen Pilzen gelegt wird.
**Verwechslungsmöglichkeiten:** Keine, wenn man auf die weit herablaufenden Lamellen und den in der Stielbasis gelben Stiel achtet.

## Kupferroter Gelbfuß

*Chroogomphus rutilus (Schff. ex Fr.) Mill.*

**Wichtigste Kennzeichen:**
Langstieliger, kupferfarbener Pilz mit weit herablaufenden, erst orangefarbenen, dann schwärzlichen Lamellen.

**Hut:** Im feuchten Zustand schmierig, sonst glänzend und kahl, erst kegelig, dann ausgebreitet, aber mit deutlichem Buckel in der Mitte, 4–12 cm breit, kupferrötlich bis weinbräunlich.
**Lamellen:** Herablaufend, erst gelbgrau, dann violettgrau später bis dunkel-rostbraun.
**Stiel:** Wie der Hut gefärbt, im Fleisch orange, meist verjüngt, läuft beim Verletzen karminrötlich an, 5–12 cm lang.
**Geruch und Geschmack:** Unauffällig.
**Standort und Vorkommen:** Stets bei Kiefern, meist in kleinen Gruppen. Herbst.
**Bemerkungen:** Brauchbarer Speisepilz. Bei Erhitzen verfärbt sich der Pilz dunkel-violett.

## Samtfußkrempling *Paxillus atrotomentosus (Batsch) Fr.*

**Wichtigste Kennzeichen:**
Dicker, dunkelsamtiger, kurzer Stiel.
An Holz wachsend.

**Hut:** Anfangs fein filzig, später kahl, hellkaffeebraun bis dunkelbraun, Rand deutlich eingerollt, 8–30 cm Durchmesser. Gelbliche, dichtstehende, herablaufende Lamellen.
**Stiel:** Dunkelschwarzbraun, kurz, sehr dick, exzentrisch, mit braunschwarzem, samtartigem Filz.
**Fleisch:** Saftig.
**Geruch:** Säuerlich.
**Geschmack:** Bitter oder unangenehm dumpf.
**Standort und Vorkommen:** An morschen Baumstümpfen, besonders an Kiefern, Juli bis November.
**Bemerkungen:** Ungenießbar, aber nicht giftig.

## Falscher Pfifferling *Hygrophoropsis aurantiaca (Fr.) Mre.*

**Wichtigste Kennzeichen:**
Kleinerer Blätterpilz mit
leuchtend orangeroten, herablaufenden,
dünnen, deutlich gegabelten Lamellen.

**Hut:** Dünnfleischig, weich und biegsam, orangerot, Hutrand anfangs eingerollt, später wellig verbogen.
**Lamellen:** (Keine Leisten) wiederholt gabelig geteilt, ohne Queradern und am Stiel herablaufend. Lebhaft orangerot.
**Stiel:** Dünn und biegsam, anfangs voll, später hohl, nicht selten etwas exzentrisch und gekrümmt. Nach unten hin oft dunkler.
**Fleisch:** Dünn, weich und schwammig, hellgelb.
**Geruch:** Geruchlos.
**Geschmack:** Mild, etwas süßlich.
**Standort und Vorkommen:** Nadelwald, August bis November.
**Bemerkungen:** Nicht giftig, aber schwer verdaulich, geeignet zu Pilzklopsen.
**Verwechslungsmöglichkeiten:** Echter Pfifferling, eßbar. Ölbaumtrichterling, giftig. Der Ölbaumtrichterling hat kaum gegabelte Lamellen, jedoch viele Zwischenlamellen.

## Pfifferling

*Cantharellus cibarius Fr.*

**Wichtigste Kennzeichen:**
Festfleischiger, gelber Pilz
mit weit herablaufenden, leistenartigen
Lamellen und würzigem Geruch.

**Hut:** Dickfleischig, dottergelb oder hellgelb, Hut anfangs gewölbt, mit eingerolltem Rand, später ausgebreitet und in der Mitte vertieft, wellig und lappig. Leisten dottergelb, wiederholt gabelig geteilt, mit Queradern verbunden, und am Stiel weit herablaufend.
**Stiel:** Dick, glatt und voll, allmählich in den Hut übergehend, festfleischig, unten verjüngt.
**Fleisch:** Fest, weißlich, gegen den Rand gelblich, selten madig.
**Geruch:** Angenehm nach Aprikosen.
**Geschmack:** Anfangs mild, dann schwach pfefferartig.
**Standort und Vorkommen:** Laub- und Nadelwälder, häufig herdenweise, Juni bis Oktober.
**Bemerkungen:** Hervorragender Speisepilz, aber schwer verdaulich, nicht zu lange kochen, ordentlich zerkleinern, zum Trocknen nicht geeignet. Der Pfifferling ist durch häufiges Abernten ausrottbar!
**Verwechslungsmöglichkeit:** Falscher Pfifferling ebenfalls eßbar.

## Trompetenpfifferling

*Cantharellus tubaeformis (Bull.) Fr.*

**Wichtigste Kennzeichen:**
Gelbstieliger, sonst grauer, dem Pfifferling ähnelnder Pilz.

**Hut:** Graubräunlich bis olivgräulich, trichterförmig, nabelig, konzentrisch gezont, dünnfleischig, 3–5 cm breit.
**Lamellen:** Leistenförmig, gräulich, aderig-verzweigt.
**Stiel:** Gelb, röhrig-hohl, meist etwas verbogen, leicht knorpelig, 3–6 cm lang und 2–4 mm dick.
**Fleisch:** Dünn, blaß, geruch- und geschmacklos.
**Standort und Vorkommen:** September bis Dezember; gesellig, oft in riesigen Mengen, besonders im Nadelwald auf Moos.
**Bemerkungen:** Sehr schmackhafter und ausgiebiger Speisepilz.

## Goldgelbstieliger Pfifferling oder Gelbe Kraterelle

*Cantharellus lutescens Pers. ex Fr.*

**Wichtigste Kennzeichen:**
Kleinerer Pilz, der auf der Hutunterseite keine direkten Lamellen, sondern runzelige »Leisten« besitzt.
Der Stiel ist leuchtend orange.

**Hut:** Fast flach, in der Mitte tief trichterig, bräunlichgrau, dünn, 2–4 cm breit.
**Leisten:** Runzelig-lamellig, bläulichweiß auf orangefarbenem Grund, herablaufend.
**Stiel:** Hohl, leuchtend orange, etwas knorpelig, 3–5 cm lang und etwa 2–4 mm dick.
**Geruch:** Stark süßlich-aromatisch.
**Geschmack:** Mild.
**Standort und Vorkommen:** Der Pilz wächst sehr gesellig im Herbst, am liebsten auf Kalkboden in Nadelwäldern.
**Bemerkungen:** Ausgiebiger und guter Speisepilz ohne giftige Doppelgänger.

## Keulenpfifferling oder Schweinsohr

*Gomphus clavatum (Pers. ex Fr.) Gray*

**Wichtigste Kennzeichen:**
Keulen- bis ohrmuschelförmiger, festfleischiger Pilz mit querverbundenen Leisten an der Außenseite.

**Hut:** Kaum vom Stiel abgesetzt, erst kaum ausgebildet, bald trichterig-vertieft, anfangs lila, später mehr ins ockerliche gehend, 4–9 cm breit.
**Leisten (Adern):** Dicklich, mit starken Querverbindungen, erst blaßlila, dann mehr gelblich.
**Stiel:** Weißlich, fest, nach oben erweitert und in den Hut übergehend, alt fleckig.
**Geruch:** Schwach, angenehm würzig.
**Geschmack:** Nur selten etwas bitterlich.
**Fleisch:** Weiß und weich.
**Standort und Vorkommen:** Meist im Nadelwald auf Kalkboden, etwa ab August, gesellig oder zu mehreren verwachsen.
**Bemerkungen:** Junge Pilze ergeben ein sehr gutes Pilzgericht, alte Exemplare sollte man nicht verwenden.
**Verwechslungsmöglichkeiten:** Junge Exemplare des Buchenknäuelings haben zähes Fleisch, filzigen Hut und Stiel und wachsen auf altem Laubholz, besonders auf Buchenstümpfen. Er ist ungenießbar.

## Herbsttrompete *Craterellus cornucopioides (Fr.) Pers.*

**Wichtigste Kennzeichen:**
Grauer, trichterförmiger Pilz
ohne Lamellen.
In manchen Jahren massenhaft vorkommend.

**Fruchtkörper:** Trompetenförmig bis trichterartig mit wellig verbogenem Rand, bis zum Grund hohl; innen feinschuppig braunschwarz bis schwarz, außen anfangs glatt, dann schwachrunzelig, aschgrau, zuletzt durch Sporen weiß bereift.
**Geruch:** Pflaumenartig.
**Geschmack:** Mild.
**Standort und Vorkommen:** Truppweise in Laubwäldern unter Buchen, im Herbst, besonders zur Zeit der Totengedenktage.
**Bemerkungen:** Wohlschmeckender Speisepilz (Mischpilz), geeignet für Suppen und zum Trocknen.
**Verwechslungsmöglichkeit:** Eine Verwechslung mit dem sehr ähnlichen Ganzgrauen Leistling (Cantharellus cinerus Pers.) ist ungefährlich, da derselbe auch eßbar ist.

## Semmelstoppelpilz

*Hydnum repandum (Fr.) Gray*

**Wichtigste Kennzeichen:**
Ähnlich dem Pfifferling, aber mit kleinen Stoppeln auf der Hutunterseite.

**Hut:** 5–12 cm, semmelgelb bis orange, glatt, hart, unregelmäßig geformt, zerbrechlich. Stacheln oder Stoppeln gelblich oder weißlich, weich, leicht zerbrechlich, ungleich lang, spitz, am Stiel etwas herablaufend.
**Stiel:** Blasser als der Hut, oft mit benachbarten Stielen verwachsen, kurz, oft exzentrisch.
**Fleisch:** Gelblich bis weißlich, im Hut weich, im Stiel brüchig.
**Geruch:** Angenehm.
**Geschmack:** Mild, im Alter etwas bitter.
**Standort und Vorkommen:** Laubwald, seltener Nadelwald, August bis November, gesellig.
**Bemerkungen:** Eßbar, junge Pilze wohlschmeckend, alte bitter.
**Verwechslungsmöglichkeit:** Ähnlich die kleinere orangefuchsige Abart, var. rufescens Pers., ebenfalls eßbar. Beide sollten sicherheitshalber kurz mit kochendem Wasser abgebrüht werden.

## Habichtspilz

*Sarcodon imbricatum (Fr.) Karst*

**Wichtigste Kennzeichen:**
Hellgraue, weiche Stacheln,
schuppiger Hut, milder Geschmack.

**Hut:** Graubraun, flachgewölbt bis trichterförmig, 5–20 cm, mit schwarzbraunen, sparrigen, kreisförmig liegenden Schuppen, an ein Habichtsgefieder erinnernd. Stacheln hellbraun bis hellgrau wie ein Rehfell, dicht, am Stiel herablaufend, sehr brüchig.
**Stiel:** Weißgrau bis bräunlich, unregelmäßig dick, glatt, vollfleischig, 3–8 cm hoch.
**Fleisch:** Weiß bis graubraun, fest, derb.
**Geruch:** Würzig.
**Geschmack:** Angenehm und mild.
**Standort und Vorkommen:** Trockener Nadelwald, bildet Hexenringe, August bis November.
**Bemerkungen:** Eßbar, nur junge Pilze verwenden. Geeignet für saure Pilzgerichte, Suppen, zum Trocknen, Pilzextrakt, Pilzpulver.
**Verwechslungsmöglichkeit:** Sehr ähnlich ist der etwas kleinere, braunrötliche, ungenießbare, bittere Gallen-Stachling (Sarcodon scabrosus Fr.). Untrügliches Kennzeichen: Innen und außen schwarze Stielbasis.

## Krause Glucke

*Sparassis crispa Wulf. ex Fr.*

**Wichtigste Kennzeichen:**
Blumenkohl-korallenartiges Gebilde,
das stets am Grunde
von Kiefernstämmen wächst.

**Fruchtkörper:** Korallenartig-verzweigt, von weitem wie ein blaßbräunlicher Blumenkohl aussehend. Die »Zweige« sind aber nicht wie bei den Korallenpilzen ± zylindrisch, sondern etwas breitgedrückt. Der Fruchtkörper ist erst rahmgelblich und wird später ockerbräunlich. Er kann einen Durchmesser von 40 cm erreichen.
**Geruch:** Angenehm aromatisch.
**Geschmack:** Mild, mit nußartigem Geschmack.
**Fleisch:** Weiß, später wird es etwas zäh.
**Standort und Vorkommen:** Stets am Grunde von Kiefernstämmen, Sommer und Herbst, zerstreut.
**Bemerkungen:** Als Speisepilz gut zu verwenden. Der Pilz muß jedoch wegen der meist starken Verschmutzungen (Kiefernnadeln, Sand) gründlich unter fließendem Wasser gereinigt werden.
**Verwechslungsmöglichkeiten:** Eichenglucke, ebenfalls eßbar.

## Goldgelbe Koralle

*Ramaria aurea Fr.*

**Wichtigste Kennzeichen:**
Gleichmäßig goldgelb, nie orangerosa.
Alt nicht von ähnlichen giftigen Korallenpilzen zu unterscheiden.

**Fruchtkörper:** Junge Pilze leuchtend goldgelb, später ockergelb, Endästchen drei- bis vierteilig.
**Fleisch:** Weiß, leicht zerbrechlich, zart, wäßrig.
**Geruch:** Würzig säuerlich.
**Geschmack:** Mild, bei alten Pilzen bitter.
**Standort und Vorkommen:** Nadelwald, selten Laubwald, Juli bis Oktober.
**Bemerkungen:** Eßbar. Nur jung verwenden! Der Genuß des Pilzes kann bei manchen Personen abführend wirken!
**Verwechslungsmöglichkeit:** Ähnlich dem schwach giftigen Schönen Ziegenbart (Clavaria formosa Pers.). Die orangefarbenen Zweige enden in zitronengelben Spitzen, der Strunk ist weiß (= Dreifarbige Koralle!).

## Tintenfischpilz

*Anthurus Archeri (Berk.) E. Fischer*

**Wichtigste Kennzeichen:**
Sternförmig aufreißender,
übel riechender Fruchtkörper
mit innen leuchtend roten »Armen«.

**Fruchtkörper:** Aus einem geschlossenen, kugeligen, grauvioletten »Ei« entwickelt sich der eigentliche Pilz. Dieser besteht aus mehreren »Armen«, welche innen leuchtend rot, außen weißlich sind. Die Innenseite ist mit der grünlichen, übelriechenden Sporenmasse bedeckt. Durch den Geruch werden die Fliegen angelockt, welche dadurch zur Verbreitung der Art beitragen.
Der Fruchtkörper wird bis zu 10 cm hoch, doch knicken die Arme meist bald ab.
**Standort und Vorkommen:** Gesellig, oft massenhaft, in Laubwäldern, Sommer und Herbst. Die Art ist aber nur in bestimmten Gegenden Deutschlands verbreitet.
**Bemerkungen:** Ungenießbar. Keine ähnlichen Pilze.

## Stinkmorchel

*Phallus impudicus Pers.*

**Wichtigste Kennzeichen:**
Aasartiger Geruch,
außergewöhnliche Wuchsform.

Hexenei: Eßbar
erwachsener Pilz: Ungenießbar

**Fruchtkörper:** Anfangs als »Hexenei«, weißlich, hühnereigroß, weich, elastisch. Im Längsschnitt erscheint in hübscher Farbzeichnung die Endform, bestehend aus Stiel und Hut. Geruch des aufgeschnittenen Hexeneis leicht rettichartig.
**Stiel:** Löcherig, zellig, hohl, weiß an der lappigen Eihülle sitzend, nach oben verjüngt.
**Hut:** Glockig, fingerhutförmig an der Spitze mit dem Stiel verwachsen und durchlöchert, mit einer aasartig stinkenden, olivgrünen Sporenmasse bedeckt. Nachdem der Schleim abgetropft ist, erscheint der Fruchtkörper weißlich, wabenartig gekammert und sieht dadurch morchelähnlich (Name) aus.
**Standort und Vorkommen:** In Laubwäldern, Parkanlagen, Gebüsch, Juli bis Oktober.
**Bemerkungen:** Als Hexenei eßbar. Durch den starken Geruch beim erwachsenen Pilz werden die Aasfliegen angelockt, die zur Verbreitung der Sporen beitragen.

## Flaschenbovist

*Lycoperdon perlatum Pers.*

**Wichtigste Kennzeichen:**
Flaschenform, weißliche Farbe und weiche Konsistenz.

**Fruchtkörper:** Verkehrt flaschenförmig, oberer Teil kugelig, unterer zylindrisch, mit zerbrechlichen, abwischbaren kurzen Stacheln besetzt. Anfangs weißlich, dann gelblich, bei der Reife graubräunlich.
**Fleisch:** Jung weiß, dann gelbgrünlich bis olivbraun, zuletzt staubartig, auf Druck rauchartig aus der Scheitelöffnung entweichende Sporen.
**Geruch:** Streng jodartig.
**Geschmack:** Mild.
**Standort und Vorkommen:** In Wäldern und auf Heiden, Juli bis November.
**Bemerkungen:** Jung eßbar, solange das Fleisch weiß ist, gut durchkochen, dann verschwindet der Jodgeruch.
**Verwechslungsmöglichkeit:** Kartoffelboviste (hart, innen bald violett bis schwarz, außen keine Stacheln).
**Bovisten-Regel:** Alle Boviste sind eßbar, deren Fleisch weiß und fest ist.

## Hasenbovist

*Lycoperdon caelatum Bull.*

**Wichtigste Kennzeichen:**
Größerer, weißlicher Stäubling
auf Viehweiden;
Oberfläche grobwarzig gefeldert.

**Fruchtkörper:** Weißlich, später gelbgräulich, in grobe Felder aufgeteilt, kugelig mit schwach angedeuteter stielartiger Verschmälerung, 10–15 cm hoch, nach der Sporenreife bleibt nur noch der Stiel stehen. Das Innere ist erst weiß, dann bräunlich durch die reifen Sporen.
**Standort und Vorkommen:** Im Sommer und Herbst auf Bergweiden, Waldwiesen, gesellig.
**Bemerkungen:** Der Hasenstäubling ist jung eßbar, solange das Innere noch weiß ist. Er eignet sich besonders zum Braten (in Scheiben geschnitten).
**Verwechslungsmöglichkeiten:** Kartoffelboviste (hartfleischig, außen braungefeldert, innen erst weiß, dann violett bis schwarz). Man hüte sich auch vor ganz jungen Wulstlingen, z. B. Knollenblätterpilzen!

## Riesenbovist

*Calvatia maxima (Schff.) Morg.*

**Wichtigste Kennzeichen:**
Sehr großer, weißer, kugelförmiger Pilz,
der meist in Gärten
und Obstbaumwiesen wächst.

**Fruchtkörper:** Kugelig bis oval, öfter mit Einkerbungen, weiß, mit einer weißen Rinde, fast glatt, bis 60 cm Durchmesser.
Das Innere ist erst weiß, später wird es gelbgrün und dann bräunlich. In diesem Zustand wird der Pilz weich und schleudert beim Drauftreten oder Drücken Millionen von graubraunen Sporen in die Umgebung, er »staubt«.
**Standort und Vorkommen:** Auf Wiesen, Obstplantagen und in Gärten, meist in kleineren Gruppen. Sommer und Herbst.
**Bemerkungen:** Der Riesenbovist ist in jungem Zustand, so lange er innen noch fest und weiß ist, ein sehr guter Speisepilz. Er wird in Scheiben geschnitten und wie ein Schnitzel paniert und gebraten.
**Verwechslungsmöglichkeiten:** Es gibt keine anderen Pilze dieser Größe.

## Judasohr

*Auricularia auricula-judae sambucina Mart.*

**Wichtigste Kennzeichen:**
Ohrmuschelartig-gelappter,
gallertartig-zäher Pilz an Holunderstämmen.

**Fruchtkörper:** Becherförmig, später muschelartig, sehr vielförmig, flach, oft innen etwas geadert, zäh-gallertartig, kandisbraun bis oliv-rötlich, alt auch dunkelbraun, ohne auffallenden Geruch oder Geschmack, 2–10 cm breit.
**Standort und Vorkommen:** Gesellig an alten Holunderstämmen, das ganze Jahr über. Nicht selten.
**Bemerkungen:** Als Mischpilz verwendbar. Keine Doppelgänger, wenn man auf den Standort achtet.

## Orangebecherling

*Aleuria aurantia (Fr.) Fuck.*

**Wichtigste Kennzeichen:**
Im Herbst wachsender,
sehr zerbrechlicher, becherförmiger Pilz
mit orangeroter Innenseite.

**Fruchtkörper:** Becherförmig oder flach schalenförmig, innen leuchtend orangerot, außen gleichfarbig oder etwas blasser, sehr gebrechlich, 2–10 cm breit. Die Pilze sind erst flach und nehmen dann die spätere Gestalt an.
**Standort und Vorkommen:** Im Herbst an lehmigen Stellen, an Waldwegen, Schutthalden usw., gesellig.
**Bemerkungen:** Ein ergiebiger, schmackhafter Speisepilz.
**Verwechslungsmöglichkeiten:** Kronenbecherling mit violetter Innenseite. Außerdem zahlreiche rötliche, harmlose Becherlinge.

## Kronenbecherling

*Sarcosphaera eximia (Dur. et Lév.) Mre*

**Wichtigste Kennzeichen:**
Erst kugeliger, dann becherförmiger Pilz mit violetter Innenseite.

**Fruchtkörper:** Erst kugelförmig mit blasser Außenseite, dann becherförmig aufgerissen, innen erst blaß, bald jedoch leuchtend violett, 5–15 cm Durchmesser.
**Geruch und Geschmack:** Unauffällig.
**Standort und Vorkommen:** Erst ganz im Boden eingesenkt, dann hervortretend. Im Nadel- und Laubwald, nicht sehr häufig.
**Bemerkungen:** Die Art gilt als leicht giftig, soll aber nach Vorbehandlung durch abkochen genießbar werden. Vom Genuß ist abzuraten.

## Spitzmorchel

*Morchella conica Fr.*

**Wichtigste Kennzeichen:**
Spitzkegelige Form,
vorkommend im Frühjahr.

**Fruchtkörper:** Kegelförmig zugespitzt, mit erhöhten Längsrippen und tiefer liegenden wabenartigen Gruben mit Querrippen. Die anfangs grauen Längsrippen färben sich später dunkler. Der Fruchtkörper ist hohl, zerbrechlich und am Stiel angewachsen.
**Stiel:** Kürzer als der Hut, weißlich, zerbrechlich, glatt.
**Geruch:** Angenehm würzig.
**Geschmack:** Mild.
**Standort und Vorkommen:** In lichten Wäldern und Gebüschen, Parkanlagen und Gärten, April bis Mai.
**Bemerkungen:** Wohlschmeckender Speisepilz; zum Trocknen geeignet.
**Verwechslungsmöglichkeit:** Frühjahrslorchel (Hut aus gehirnartigen Wülsten. Giftig!)

## Speisemorchel

*Morchella esculenta Pers. ex St. Am.*

**Wichtigste Kennzeichen:**
Ähnlich der Spitzmorchel,
aber mehr rundlich und von
orangegelber bis orangebräunlicher Farbe.

**Fruchtkörper:** Rundlich-langgestreckt, innen hohl, außen unregelmäßig wabenartig. Diese Waben sind erst eng, erweitern sich jedoch beim Wachsen. Die Höhe des Hutes beträgt bis 12 cm.
**Stiel:** Gelblichweiß, unregelmäßig, hohl, 4–8 cm hoch und bis 3 cm dick.
**Geruch:** Angenehm würzig.
**Geschmack:** Unauffällig.
**Standort und Vorkommen:** April bis Mai, speziell unter Eschen und Pappeln, gesellig.
**Bemerkungen:** Guter Speisepilz, soll jedoch mit heißem Wasser überbrüht werden, ehe man ihn kocht bzw. zubereitet.
**Verwechslungsmöglichkeiten:** Keine giftigen Doppelgänger, wenn man auf die Hutform achtet. Man vergleiche jedoch vorsichtshalber das über die Frühjahrslorchel Gesagte!

## Weiße Trüffel

*Choiromyces maendriformis Vitt.*

**Wichtigste Kennzeichen:**
Meist unterirdisch wachsender, kartoffelförmiger Pilz mit weiß-gelb gemasertem Inneren.

**Fruchtkörper:** Kugelig-kartoffelförmig, außen erst fast glatt, dann felderig-aufgerissen, sehr fest. Innen ist sie weiß-gelb gemasert, das blaßgelbliche Fleisch ist von weißen »Strängen« durchzogen. Die Weiße Trüffel kann bis faustgroß werden.
**Geruch:** Erst angenehm würzig, alt widerlich.
**Geschmack:** Würzig.
**Standort und Vorkommen:** Meist in Fichtenwäldern auf lehmig-kalkigem Boden. Sie wächst unterirdisch heran und ragt am Ende ein Stück weit über die Erdoberfläche heraus.
**Bemerkungen:** Sehr guter Würzpilz und für die Mischgerichte besonders geeignet. Alte Exemplare sind zu meiden.

## Blutmilchpilz oder Milchstäubling

*Lycogala epidendron Dicks*

**Kennzeichen:**
Bei diesem Pilz handelt es sich nicht um einen Angehörigen der eigentlichen (»höheren«) Pilze, sondern um einen sogenannten Schleimpilz. Diese Schleimpilze haben keine feste, endgültige Gestalt, sondern stellen sich in verändernden, beweglichen Gebilden dar.
Der bekannteste Vertreter ist der Blutmilchpilz, der oftmals in großen Mengen die Oberflächen von Ästen oder Stammabschnitten überzieht. Auch auf Stümpfen findet man diesen Pilz häufig. In der sogenannten reproduktiven Phase nimmt der Pilz eine Kugelgestalt an und zerfällt schließlich.
Interessant ist noch, daß die Schleimpilze sich von Bakterien ernähren.
Der in der Abbildung gezeigte Pilz ist wie alle anderen Schleimpilze nicht genießbar.

## Pilzverwertung

Die eingebrachte Pilzernte muß zu Hause so schnell wie möglich zubereitet werden, denn es ist beinahe unglaublich, was die Maden selbst in einer einzigen Nacht an Zerstörung vollbringen können. Insbesondere Röhrlinge, Ritterlinge und Täublinge sind dieser Gefahr ausgesetzt. Darum ist es immer am besten, die Pilze *sofort* in Stücke zu zerschneiden und die wurmstichigen Teile zu entfernen.

Was den Nährwert der Pilze betrifft, sind die Meinungen geteilt. Frische Pilze haben einen hohen Wasser-, jedoch einen geringen Fettgehalt, dagegen sind sie reich an Eiweißstoffen und Kohlehydraten. Eine Pilzmahlzeit von 300 Gramm Frischpilzen liefert etwa 5 bis 10 Gramm Eiweiß und damit etwa ein Sechstel des Eiweiß-Tagesbedarfs. Sie deckt außerdem rund ein Fünftel des Bedarfs an den Vitaminen $B_1$, $B_2$ und C und den Gesamtbedarf an pellagraverhütenden Vitaminen (PP-Faktor). Einige Pilze enthalten auch beträchtliche Mengen an anderen Vitaminen.

Pilze sind somit hochwertige Nahrungsmittel. Ihr Eiweißreichtum ist so groß, daß man mit einigem Recht vom »Fleisch des Waldes« sprechen darf. Ein Kilogramm Pilze hat den gleichen Eiweißwert wie ein Liter Milch. Die Mineralwerte, insbesondere der Eisengehalt, sind bei schonender Zubereitung ebenfalls beträchtlich.

Der hohe Eiweißgehalt der Pilze läßt es nicht ratsam erscheinen, große Mengen von Pilzen und Fleisch gleichzeitig zu genießen. Will man sie dennoch zusammen auf den Tisch bringen, so verwendet man die Pilze am besten in kleinen Mengen, pikant zubereitet, als Fleisch- oder Soßenwürze.

Der Nährwert wird sicher auch durch die Art der Zubereitung beeinflußt. So muß die Mehrzahl der Pilze vor der endgültigen Zubereitung kurz vorgekocht werden. Feinschmecker vertreten sogar die Auffassung, daß dies bei allen Arten nötig sei.

Ohne Ausnahme muß der Grundsatz gelten, alle frischen Pilze, ohne Rücksicht auf die Zubereitungsart, einem Kochprozeß zu unterziehen. Dies bezieht sich auch auf die Zubereitung von Pilzsalaten.

## Das Eingefrieren von Pilzen

Bei der derzeitigen Gefriertechnik wird das Eingefrieren von Pilzen empfohlen. Hierzu sind besonders feste Pilze geeignet, wie Steinpilze, Rotkappen, Maronen, junge Reifpilze. Weniger gut sind Pfifferlinge, Champignons und schleimige Pilze. Die Rohware verlangt frische, gesunde, nicht zu große, madenfreie Pilze. Diese putzen, schneiden und nicht waschen, sondern trocken in Plastiksäcke füllen und in die Gefriertruhe geben. Es empfiehlt sich, die einzelnen Packungen nicht schwerer als ein Kilogramm zu machen, um das gleichmäßige Gefrieren der Pilze zu erleichtern.

Aufgetaute Pilze dürfen nicht noch einmal eingefroren und nur ein paar Stunden aufbewahrt werden.

## Das Trocknen von Pilzen

Es gibt zwei Möglichkeiten, Pilze haltbar zu machen:
1. Trocknen und 2. Einwecken.
Nicht immer zum Trocknen geeignet sind: schleimige Röhrlinge (z. B. Butterpilz), der Semmelstoppelpilz, Schnecklinge, Saftlinge und Stäublinge.
Trocknen ist die einfachste, schnellste und billigste Methode der Pilzkonservierung. Man schneidet die gereinigten, ungewaschenen Pilze in dünne Scheiben.
Die feingeschnittenen Pilze werden auf großen, engmaschigen Fliegengittern zum Trocknen ausgebreitet. Ein dünnes, sauberes Leinentuch wird über das Metall gelegt, damit die Pilze mit ihm nicht in direkte Berührung kommen.
Das Trocknen erfolgt am besten in der prallen Sonne bei leichtem Wind oder im Trocken- bzw. Backofen. Je schneller der Vorgang des Trocknens vonstatten geht, desto besser werden die Pilze. Auf gar keinen Fall darf sich der Trockenprozeß über mehrere Tage hinziehen, wie das beispielsweise der Fall ist, wenn die Pilze auf dem Speicher ausgebreitet werden. Getrocknete Pilze dürfen nicht in offenen Tüten, Körben, Säcken und sonstigen Behältern aufbewahrt werden, die der Luft freien Zugang lassen. Sofort nach Beendigung des Trockenprozesses müssen sie in Behälter, etwa Weckgläser, Blechdosen usw. gefüllt werden, die absolut luftdicht zu verschließen sind. In dieser Verpackung sind die Pilze jahrelang haltbar. Der Verwendung der getrockneten Pilze muß mindestens eine halbstündige Wässerung vorausgehen. Wasser weggießen, dann kurz aufkochen, Zubereitung für Pilzmahlzeiten nach Geschmack.

## Das Einwecken von Pilzen

Zum Einwecken sind nur wenige Pilze wirklich geeignet. Dabei ist zu beachten, daß nur jüngere, feste, kernige Pilze verwendet werden (Steinpilz, Rotkappe, Marone, Reifpilz usw.). Die Pilze werden je nach ihrer späteren Verwendung halbiert, geviertelt oder in Scheiben geschnitten, gewaschen und in kochendes Wasser geworfen, nach Schaumbildung abgeseiht. Danach werden die noch warmen Pilze in vorgewärmte Weckgläser gefüllt, ein abgekochtes leichtes Salzwasser darübergegossen, bis zwei Finger breit unter dem Weckglasrand. Die Gläser werden mit einem sauberen, trockenen Gummiring geschlossen und im Wasserbad bei 98 bis 100°C 90 Minuten lang sterilisiert. Nach zwei Tagen noch einmal 60 Minuten wieder bei 98–100°C. Sämtliche Würzstoffe und Salz gibt man *erst nach* Herausnahme aus dem Weckglas beim Zubereiten der Pilzmahlzeit bei.

## Erklärung von Fachausdrücken

parabolischer Hut

kegeliger Hut

halbkugeliger Hut

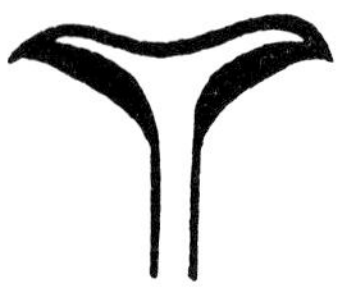
abgeflachter Hut

gewölbter Hut

gebuckelter Hut

schüsselförmiger Hut

genabelter Hut

trichterförmiger Hut

Lamellen frei, »Burggraben«

Lamellen ausgebuchtet

Lamellen angewachsen

Lamellen herablaufend

## Bestimmungstabelle für die leicht erkennbaren Speisepilze

**Vorbemerkung:** In dieser Tabelle finden Sie die leicht bestimmbaren, häufigen Speisepilze. Es handelt sich um einen sogenannten dichotomen Schlüssel, bei dem der Leser jeweils zwischen 2 Möglichkeiten zu wählen hat. (Beispiel I 1* Weichfleischige Pilze 2: Weitere Merkmale bestimmen bei 2. Die Ziffer links ohne Stern bedeutet **entweder,** mit Stern **oder.**) Trifft keine der beiden Möglichkeiten zu, so gehört der gefundene Pilz nicht zu den häufigen, leicht erkennbaren Speisepilzen (-0- = weglassen!).

### I. Pilze mit Röhren (Löchern) auf der Hutunterseite:

1 Pilze, die sehr hart und zäh sind ... -0-
1* Weichfleischige Pilze ... 2

2 Röhrenpilze mit Ring am Stiel ... 3
2* Röhrenpilze ohne Ring am Stiel ... 5

3 Hut ± braun, Fleisch blaßgelb, Ring weiß oder dunkel ... **Butterpilz**
3* Hut anders gefärbt ... 4

4 Ganzer Pilz ± orangegelb, Ring undeutlich und schmierig ... **Goldröhrling**
4* Hut und Röhren grau, Ring weißlich bis grau ... **Grauer Lärchenröhrling**

5 Röhrenmündungen rötlich, orange ... -0-
5* Röhrenmündungen gelb, braun, grün ... 6

6 Pilze, deren Fleisch sich beim Anbrechen blau, grün oder schwarz färbt ... 7
6* Fleisch verfärbt sich nicht so ... 10

7 Kräftige Pilze mit langem, schuppigem Stiel, Hüte braun bis rot ... 8
7* Stiele ohne deutliche Schuppen ... 9

8 Hut rotbraun, bräunlich rot ... **Rotkappen**
8* Hut mehr braun, graubraun ... **Birkenpilz**

9 Kleinere, braunhäutige Art bei Kiefern, Röhrenmündungen grünblau, fest, Geschmack mild ... **Maronenröhrling**
9* Nicht speziell bei Kiefern, Röhrenmündungen gelb, mild ... **Ziegenlippe**
9** ebenso, Stiel rötlich, mild ... **Rotfußröhrling**

10 Großer Pilz, Hut braun, Röhren weiß bis gelbgrün,
Stiel leicht genetzt, milder Geschmack .................. **Steinpilz**
10* Kleinere Arten ........................................ -0-

## II. Pilze von besonderer Gestalt:

1 Pilz trichterförmig, grau, ohne Lamellen,
Stacheln und Röhren, Herbst .................... **Herbsttrompete**
1* Pilz anders geformt ........................................ 2

2 Pilz flaschen- oder kugelförmig,
in allen Teilen weiß bis weißlich ........................ **Boviste**
2* Andere Form ........................................ 3

3 Hut darmartig oder lappig, HERBST! ............... **Herbstlorchel**
3* Ebenso, im Frühjahr ........................................ -0-
3** Andere Formen ........................................ -0-

## III. Pilze mit Stacheln unter dem Hut:

1 Pilz in allen Teilen ± gelb .................... **Semmelstoppelpilz**
1* Pilz graubraun, Hut schuppig, Geschmack mild ...... **Habichtspilz**

## IV. Pilze mit Lamellen (Blättern) auf der Hutunterseite:

1 Büschelig an Baumstümpfen wachsend ...................... 2
1* Nicht büschelig an Baumstümpfen ........................ 5

2 Pilze ± gelbbraun, Hut glatt, Stiel mit Ring,
Lamellen blaßbraun ...................... **Stockschwämmchen**
2* Andere Kombination ........................................ 3

3 Hut ± schuppig, Stiel beringt,
alles außer den Lamellen braun ...................... **Hallimasch**
3* Hut glatt, Stiel nicht beringt, sondern höchstens faserig ....... 4

4 Lamellen grau bis lilagrau, Hut ± gelblich,
Geschmack mild .................. **Rauchblättriger Schwefelkopf**
4* Pilze anders ........................................ -0-

5 Pilze nicht büschelig, aber mit deutlichem Ring am Stiel ....... 6
5* Pilze weder büschelig noch beringt ........................ 9

6 Pilz sehr hoch, bräunlich, Stiel und Hut schuppig,
Lamellen weiß, Ring beweglich ... **Parasol**

6* Ring nicht beweglich, etwas kleiner ... 7

7 Lamellen weiß ... -0-

7* Lamellen rosa, später braunschwarz ... 8

8 Stielknolle innen nicht gelb werdend ... eßbare **Champignons**

8* Stielknolle nicht vorhanden ... -0-

9 Pilz stark schleimig, Hut ± grau, Lamellen weit herablaufend,
Stielbasis innen und außen chromgelb ... **Kuhmaul**

9* Andere Eigenschaften ... 10

10 Pilze hart, mit farbigem oder milchigem Saft ... 11

10* Pilze ohne solchen Saft ... 13

11 Saft ziegel- bis karottenrot ... **Echte Reizker**

11* Saft anders gefärbt ... 12

12 Saft weiß, riecht beim Trocknen nach Hering ... **Brätling**

12* Andere Eigenschaften ... -0-

13 Feste Pilze mit spröden, brüchigen Lamellen
und roh mildem Geschmack ... eßbare **Täublinge**

13* Andere Blätterpilze weglassen,
solange man sie nicht sicher kennt!

## Register

(Arten mit in Klammern gesetzten Seitenzahlen sind nur kurz erwähnt, nicht abgebildet)